Dragons furieux

Les avions spatiaux chinois

Collection « Penser le temps présent »

Cette collection a pour ambition de proposer au lecteur un ensemble de travaux – études et essais – portant sur les thèmes d'actualité ou aptes à éclairer les grands événements du temps présent.

Déjà parus

COOSEMANS (Thierry), *Les libéraux dans l'Union européenne. Richesse et diversité des partis libéraux dans 15 États membres. Tome 1 : Grande-Bretagne, Allemagne, Italie, France, Espagne, Portugal, Grèce – Tome 2 : Pays-Bas, Belgique, Grand-Duché de Luxembourg, Danemark, Suède, Finlande, Irlande, Autriche,* 2016.

EPPREH-BUTET (Raphaël), BEN BARKA (Mokhtar), *Le président Barack Obama à l'épreuve du pouvoir, Bilan de son premier mandat et perspectives d'avenir,* 2015.

BENBIH (Rachid), *Migrants d'Afrique de l'Ouest au Maroc,* 2015.

BENZENINE (Belkacem), *Penser la laïcité dans les pays arabes. De la Renaissance arabe à nos jours,* 2014.

CONTI (Bartolomeo), *L'islam en Italie. Les leaders musulmans entre intégration et séparation,* 2014.

GABRIEL-OYHAMBURU (Kattalin), *Du nationalisme au terrorisme basque,* 2014.

COSSE (Jean-Pierre), *Alain Juppé et le Rwanda,* 2014.

DA COSTA (Pascal), *États-Unis, Europe, Chine. Des États au cœur des crises financières et économiques mondiales,* 2013.

NASRAOUI (Mustapha), *Le migrant clandestin, Le paradoxe de l'être et de la société,* 2013.

Philippe Coué

Dragons furieux

Les avions spatiaux chinois

L'Harmattan

Du même auteur

Cosmonautes de Chine, L'Harmattan, 2002.

La Chine veut la Lune, A2C Médias, Paris, 2007.

Embarquer dès demain pour l'espace (Ouvrage collectif), Vuibert, 2010.

Étoiles noires de la guerre froide, Edite, 2011.

Neil Armstrong. Un clin d'œil à la Lune (Avec Marie-Christine Bernelin), A2C Médias, 2012.

Shenzhou, les chinois dans l'espace, L'esprit du temps, 2013.

5-7, rue de l'Ecole-Polytechnique, 75005 Paris

http://www.editions-harmattan.fr

ISBN : 978-2-343-12112-3
EAN : 9782343121123

SOMMAIRE

Avant-propos

A la fin du siècle dernier, un chinois d'âge respectable s'adressa à l'auteur en lui tenant des propos bien singuliers : « Vous, vous ne l'avez pas fait, mais nous le ferons ! ... » Cet austère personnage paré d'une vareuse à col Mao, qui semblait sortir tout droit de l'époque de la Révolution Culturelle, désignait un panneau. Celui-ci présentait sommairement l'avion spatial Hermès (abandonné par l'Europe quelques années plus tôt) et ses technologies associées qui étaient susceptibles de retenir l'attention des partenaires potentiels. Comme un pied de nez à la candeur du discours qu'on semblait lui infliger avec quelques images chocs et une communication lapidaire, il ajouta : « il n'y aura pas d'alternative dans l'avenir, nous le ferons. »

Curieux personnage qui osait affirmer que la Chine réussirait là où le Vieux Continent avait échoué. Ses certitudes semblaient bien imprudentes alors que les opérations spatiales chinoises se cantonnaient à reproduire les mêmes lanceurs et leurs satellites avec une faible dynamique de progrès éloignée de celle des autres puissances spatiales. De même, on devait admettre que la Chine ne brillait pas dans le domaine de l'aéronautique à cette époque, or l'avion spatial c'est la rencontre au plus haut niveau de l'aviation et de l'espace. L'auteur conserva néanmoins les souvenirs détaillés de cette rencontre qui pouvaient peut-être le renseigner davantage pour appréhender d'autres sujets. Alors vint le temps de l'attente, puis celle de la collecte de rares informations pouvant être associées à l'avion spatial chinois et de leur enfouissement méthodique dans un dossier sobrement dénommé "Navette". Mais après quelques années, il fallait se rendre à l'évidence que ce secteur méritait en définitive sa place au même titre que les applications spatiales, les lanceurs ou les réseaux de poursuite développés par l'empire du Milieu.

L'auteur avait entrouvert la porte d'un monde insoupçonné qui se dissimule encore aujourd'hui très largement derrière le clinquant et les exploits médiatiques. Cela fait partie du jeu et les autorités chinoises ne s'en privent pas avec l'avantage de détourner l'attention du plus grand nombre des autres aspects moins avouables de l'astronautique comme ceux des avions spatiaux ou des véhicules hypersoniques. C'est la découverte de cet univers où se mêlent hautes technologies, politique et stratégie qui est proposée dans les chapitres suivants.

Aux lecteurs curieux, j'ouvre un monde encore inconnu, celui des dragons chinois du XXIe siècle.

Introduction

Il y a deux manières d'aborder le transport spatial, celui des fusées consommables et celui des navettes réutilisables. Pour des raisons stratégiques et pratiques, la fusée s'est imposée à la Chine à l'instar des autres puissances spatiales. Il était logique de ne pas gaspiller ses efforts alors que le missile développé dans tous les arsenaux dès les années 1950 ne demandait qu'à être amélioré pour placer sur orbite des charges utiles. L'âge d'or de l'astronautique (1957-1969) a montré toutes les possibilités offertes par les lanceurs consommables y compris pour poser des Hommes sur la Lune.

Mais ce transport spatial présente plusieurs défauts. Chaque opération nécessite une mise en œuvre coûteuse et les bases de lancement n'offrent pas beaucoup d'options pour choisir la bonne orbite. Pour ces raisons, le développement d'un lanceur qui ressemblerait aux aéronefs, surtout pour sa flexibilité, fut envisagé très tôt. De ce fait, des deux côtés du rideau de fer, on estimait que l'avion spatial serait l'avenir de l'astronautique et plusieurs démonstrateurs furent mis au point tant aux États-Unis (série des X-planes) qu'en Union Soviétique (Bor et dérivés). Après la course à la Lune, de vastes programmes furent mis en chantier sur des prévisions et des promesses que ne pouvaient renier les décideurs, car les lanceurs réutilisables annonçaient une diminution radicale du coût des opérations. On alla jusqu'à prédire l'avènement d'un nouvel âge spatial où l'Homme tiendrait une place prépondérante dans des installations qui deviendraient progressivement des colonies.

Dans les années 1970, l'heure était encore à l'utopie et pas seulement dans les concerts en plein air. D'aucuns estimaient que le développement fulgurant des activités spatiales dans les années 1960 allait et devait se poursuivre.

Les États-Unis ont bien exploité une Navette spatiale qui a ébloui le monde jusqu'au tragique accident de janvier 1986 avec l'explosion en vol de Challenger. Dès lors, il devenait évident que le fameux camion de l'espace ne serait jamais rentable. L'Union Soviétique avait calqué l'effort technologique américain mais s'effondra avant que ses navettes et avions spatiaux ne transportent un seul cosmonaute. Face à ces déconvenues, la Chine dut choisir quel serait le meilleur système de transport spatial pour développer davantage son astronautique et mettre sur orbite ses cosmonautes. Au-delà des rumeurs sur des tentatives plus anciennes, on peut affirmer que les institutions et l'industrie aérospatiale chinoises abordèrent de front la navette spatiale et tous ses dérivés. Mais ces projets ambitieux dépassaient les capacités économiques et techniques de la Chine. Aussi, une solution plus conventionnelle fut adoptée avec le vaisseau Shenzhou.

Alors que tous les regards étaient tournés vers ce projet, une veille active fut néanmoins entretenue par les Chinois au sujet de l'avion spatial. Souvent évoqué et même exposé, celui-ci fit son grand retour avec le projet Shenlong. Depuis, les annonces se sont succédé concernant divers projets jusqu'aux essais d'un planeur hypersonique à finalité militaire. Ce recueil tente d'en faire une synthèse. Elle éclaire d'un jour nouveau l'extraordinaire dynamique qui règne autour de l'avion spatial et des lanceurs réutilisables. Aujourd'hui, la Chine suit sa propre voie dans ce domaine.

CHAPITRE 1

L'héritage de Tsien

A chaque puissance spatiale son pionnier (Goddard aux États-Unis, von Braun en Allemagne, etc.). Cette règle s'applique aussi en Chine. Ainsi, comme chacun le sait aujourd'hui, tout questionnement sur les origines du programme spatial de l'empire du Milieu doit se référer à l'un des plus illustres savants du XXe siècle, le Chinois Tsien Hsue-Shen[1] (traduit aussi en "Qian Xuesen" si on utilise le pinyin). La tentation était grande d'explorer une partie de la vie et de l'œuvre de ce génie pour savoir s'il avait abordé le transport spatial et sa réutilisation éventuelle.

Dans les tourmentes du XXe siècle

Tsien était né à Hangzhou dans la province du Zhejiang, le 11 décembre 1911, dans les derniers jours de l'Empire chinois. Il fut diplômé en ingénierie mécanique de

---

[1] - La biographie la plus aboutie sur Tsien Hsue-shen est sans conteste celle d'Iris Chang éditée en 1995 sous le titre de *Thread of the silkworm.* C'est aussi une source de grande valeur sur les origines de l'astronautique en Chine. - Iris CHANG, *Thread of the silkworm*, Basic Books, New York, 1995. Cette historienne sino-américaine publia deux autres ouvrages avant de se suicider à l'âge de 36 ans.

l'Université Jiao Tong de Shanghai en 1934. A 24 ans, il rejoignit les États-Unis pour approfondir la filière qu'il avait choisie. C'était une discipline en plein développement dans les années 1930, qui n'avait pas de difficulté pour attirer les jeunes gens brillants. Tsien était incontestablement l'un d'eux, car il fut admis à l'Institut de technologie du Massachussetts, le célèbre MIT. La vitesse et les modes de propulsion un peu spéciaux retenaient de plus en plus son attention. C'est sur la côte ouest, dans une autre université - le Caltech - une autre institution réputée outre-Atlantique, qu'il développa son goût et ses compétences pour la fuséologie. Et il était bien entouré. En effet, il eut comme professeur et tuteur de sa thèse, le célèbre Théodore von Kármán au Laboratoire aéronautique Guggenheim. Dans cette période euphorique pour les étudiants passionnés et talentueux, il créa en 1943 avec Frank J. Malina les bases du Laboratoire de propulsion à réaction, ou *Jet Propulsion Laboratory* (JPL) - une autre émanation du Caltech. A l'automne de la même année, Tsien et ses collègues proposèrent de développer des missiles pour contrer ceux des Allemands. Cette initiative historique devait aboutir aux fusées Private-A, Corporal, Coporal-A et tant d'autres.

Au moment où il démarrait ses premières expériences, la Seconde Guerre mondiale faisait rage en Europe. Celle-ci s'acheva après l'engagement complet des États-Unis et de ses alliés contre les forces de l'Axe. Mais l'entente tacite avec l'Union Soviétique n'avait plus court lorsqu'il s'agissait de rechercher et de s'accaparer les joyaux du vaincu. Il ne s'agissait pas d'art ou d'un quelconque monument, mais des technologies allemandes très avancées qui étaient apparues dans les derniers mois du conflit. Leur transfert aux États-Unis ainsi que la capture des savants allemands étaient devenus des priorités stratégiques. Une course contre la montre était engagée contre les Soviétiques. Les alliés avaient dépêché leurs meilleurs spécialistes pour répertorier, trier et expertiser ces prises de guerre d'un nouveau genre. Tsien faisait partie de la "délégation" de scientifiques américains qu'on avait désignés pour ce "pillage" historique. Sans le savoir, ils disposaient d'un atout précieux : la préférence allemande pour les vainqueurs yankees.

Le butin était impressionnant. On trouvait pèle mêle des avions à réaction (Arado, Me-262...), des ailes volantes (surtout celles des frères Horten) et même de drôles d'engins mus par des moteurs-fusées (Comet, Natter, ...). Ces derniers étaient difficiles à mettre en œuvre et n'eurent pas d'influence sur le cours de la guerre, car ils étaient arrivés beaucoup trop tard. Mais les systèmes qu'ils renfermaient, l'ingéniosité et la créativité qui les avaient mis en œuvre étaient absolument uniques au monde. Bien sûr, parmi ces trouvailles, les missiles V-1 et V-2 avaient obtenu la plus haute priorité. Non seulement Américains et Soviétiques les recherchaient activement mais ils se préoccupaient aussi d'identifier toutes les personnes hautement qualifiées qui avaient conçu ces monuments de technologies. En fait, Wernher von Braun et son équipe, qui étaient à l'origine de ces missiles, attendaient délibérément d'être "retrouvés" par les alliés occidentaux. Ils savaient qu'ils constituaient une prise de guerre inestimable et que les États-Unis étaient préférables à la dictature communiste. Malgré l'implication d'un grand nombre d'entre eux dans un système abject, qui achevait la "main d'œuvre" comme on usait les outils, ils avaient des circonstances particulières à faire valoir puisqu'ils détenaient des connaissances précieuses et un savoir-faire unique !... Au printemps de 1945, le cynisme était à l'œuvre dans ces échanges entre les vainqueurs et les vaincus. Lorsque l'État-major américain sut qu'il détenait von Braun et les siens, un interrogatoire en règle fut organisé. Tsien y prit part au rang de colonel de l'Armée de terre américaine à partir du 5 mai 1945. Avec von Kármán, sa mission consistait en priorité à évaluer les recherches en aérodynamique conduites pendant la guerre.

Alors, au cœur de la Bavière, à Kochel, dans un décor wagnérien, le futur père du programme spatial chinois devait s'entretenir avec l'un des plus grands pionniers de l'astronautique, celui qui avait donné corps à la première industrie de missiles à longue portée. Il serait présomptueux d'affirmer que Tsien fut initié par von Braun, mais ses expériences californiennes en fuséologie devaient sembler bien dérisoires. Le rapport de von Braun sur les armes secrètes, qu'il avait développées à Peenemünde ou dans les montagnes du Harz, pouvait déjà retenir l'attention des spécialistes pendant des lustres. Mais c'est le potentiel d'évolution offert par les créations allemandes qui intéressait surtout le jeune savant chinois bien au-delà de ses prérogatives officielles. Certes, l'aérodynamique était son gagne-pain, mais Tsien s'intéressait surtout aux fusées ailées. L'équipe de von Braun en avait développées et testées et elle avait étudié une fusée biétage dont l'élément supérieur était une sorte de V-2 ailé réutilisable qui aurait été piloté.

En fait, Tsien fit plusieurs visites à Kochel. L'Institut aérodynamique était un trésor de guerre pour lui et pour tous les savants qui l'accompagnaient. Cet établissement, qui était ultrasecret pendant la guerre abritait les souffleries les plus importantes du monde ; elles exploraient les domaines de vol supersoniques et hypersoniques jusqu'à Mach-5 (une installation était en cours de finition pour tester des maquettes jusqu'à Mach-10). Entièrement dédié aux armes nouvelles, l'Institut regroupait les meilleurs aérodynamiciens du moment dont son directeur Rudolph Hermann[2]. Tsien le rencontra en juin 1945 et fut probablement surpris

2 - Charles A. LUNDQUIST et Shi Tsan Wu, *Intersection of the careers of Rudolph Hermann and Qian Xuesen*, IAC-13-E4.3.2, 54th IAC, Beijing, September 2013.

d'apprendre que le savant allemand avait vérifié de manière expérimentale sa fameuse théorie sur les écoulements supersoniques publiée en mai 1938[3]. Hermann affirma que les résultats, obtenus sur la base des travaux de Tsien, avaient largement contribué à mettre au point les missiles nazis. Presque malgré lui, le savant chinois avait eu une influence réelle dans la définition du V-2.

La fusée de ligne transcontinentale de Tsien

Après son retour aux États-Unis, Tsien mit à profit ses "découvertes" allemandes avec trois publications majeures rédigées pendant l'année académique 1945/1946[4] :

- ***Jet Propulsion*** - Dans cet ouvrage, il rédigea une véritable encyclopédie de la propulsion par fusée qui fut largement utilisée par les fuséologues américains pendant une quinzaine d'années.

- ***Toward New Horizons*** - Coordonné par Théodore von Kármán, *Toward New Horizons* était un document de prospective qui a guidé toute la recherche aéronautique américaine au lendemain de la Seconde Guerre mondiale. Ce document historique fut à l'origine de la politique des X-planes qui ont permis d'ouvrir de nombreux domaines de vol (mur du son pour le X-1, vol hypersonique avec le X-15, etc.). Tsien

---

3 - Hsue-Shen TSIEN, "Supersonic flow over an inclined body of revolution", in *Journal of the Aeronautical Sciences vol 5*, 1938, pp. 480 à 483.

4 - En 2012, Elsevier a publié tous les articles de Tsien rédigés entre 1938 et 1956. Ce recueil démontre l'étendue des connaissances du savant chinois dans les domaines de l'aéronautique et de l'astronautique. - *Collected works of Hsue-Shen Tsien, 1938-1956*, Elsevier publisher (via Radu D. RUDESCU, Qian Xuesen, his early scienttific endeavour in astronautics, IAC-12.Eb.n, 64th IAC, 2013).

contribua à cette œuvre monumentale avec six rapports traitant des domaines les plus avancés de l'aéronautique. Il apporta aussi quelques éléments théoriques. L'un des rapports les plus intrigants s'intitulait *Possibility of Atomic Fuels for Aircraft Propulsion of Power Plants* dans lequel il expliquait l'importance stratégique de l'énergie nucléaire pour propulser les aéronefs. Mais ce thème très en vogue dans les années 1950 fut abandonné dans les années 1960 pour des raisons politiques et environnementales évidentes.

- ***Superaerodynamics, Mechanics of Rarefied Gases*** - Proposé au *Journal of the Aeronautical Sciences* le 20 mai 1946, cet article majeur a conduit à réexaminer toutes les théories aérodynamiques concernant les vols très rapides et en haute altitude.

En fait, l'article concernant la superaérodynamique était si révolutionnaire qu'il classait Tsien parmi les plus importants aérodynamiciens américains. Les sollicitations étaient nombreuses et il choisit finalement d'accepter le poste de professeur à l'Institut de Technologie du Massachussetts.

Sur la base de ses théories mathématiques, Tsien élabora plusieurs applications. Mais celle qui l'obsédait véritablement concernait l'avion spatial transcontinental. A la fin des années 1940, il imagina un appareil extraordinaire qui alliait ses recherches à celles d'un autre visionnaire, le Dr Eugen Sänger. Ce savant germano-autrichien, qui est considéré aujourd'hui comme le père de la navette spatiale, avait rédigé en 1944 un autre rapport secret UM-3538 intitulé *Uber einen raketen trieb für fernbomber.* Il décrivait un étrange appareil hypersonique ailé dénommé "l'oiseau d'argent" dont les caractéristiques auraient permis le bombardement de l'Amérique du Nord après un vol suborbital transcontinental. Décollant depuis l'Allemagne, ce bombardier antipodal devait larguer au-dessus de la côte Est des États-Unis des "bombes sales". A la page 339 du fameux rapport, une carte de la ville de New York montrait les destructions attendues sur Manhattan. A la fin des hostilités, ce rapport circula chez les alliés. Son contenu était si explosif qu'il retint l'attention de Joseph Staline en personne en 1949. Le dictateur soviétique dépêcha son fils Vassili et le scientifique Grigori Tokaev pour localiser puis "convaincre" Sänger de rejoindre l'URSS (Union des Républiques Socialistes Soviétiques). Les Soviétiques échouèrent lorsque Tokaev rejoignit le Royaume-Uni et révéla le projet d'enlèvement de Sänger qui avait été ordonné par Staline[5]. Le savant germano-autrichien, qui avait rejoint la France en 1946, fut immédiatement protégé contre cette menace[6].

Bien entendu, ce qui attira Staline interpellait Tsien. Au début, le jeune savant chinois s'imprégna du bombardier antipodal pour en concevoir sa propre version. Il s'agissait d'un gros appareil hypersonique qui empruntait sa silhouette à la Wasserfal, un missile anti-aérien dérivé du V-2. L'engin était capable de croiser à Mach 12 dans la haute atmosphère et on entrevoyait aisément les potentialités évidentes d'un tel véhicule pour maîtriser le ciel et viser des cibles sans préavis. Le missile stratégique intercontinental n'était pas encore né mais Tsien l'imaginait piloté, ailé et réutilisable. Cependant, les aspects guerriers du projet ne pouvaient pas complètement satisfaire les investisseurs potentiels ou les organismes d'État alors que la paix était revenue en Amérique et dans le monde. Pour cela, Tsien imagina une version civile qui défraya la chronique comme nul autre engin de ce type ne l'avait fait auparavant. C'était logique, car cet appareil était le premier du genre.

---

5 - Harmut E. SANGER et Alexandre D. SZAMES, *From the Silverbird to interstellar voyages*, IAC-03-IAA.2.4.07, Brême, 2003.

6 - G. TOKAEV, *Stalin means war*, Weidenfeld and Nicolson, 1951.

Au départ, le bombardier antipodal de Tsien était une sorte de V-2 ailé. Sa configuration et son mode de propulsion étaient uniques alors que les cieux n'étaient pas encore dominés par les jets à réaction. ©M. Cherfi

En décembre 1949, la première ébauche d'une navette spatiale fut présentée en dehors du champ du secret à New York ; elle était l'œuvre d'un Chinois!... Tsien subjugua l'auditoire de l'American Rocket Society qui s'était réuni pour l'occasion à l'hôtel Hilton Statler. Le public écouta ébahi la présentation au sujet d'une "fusée de ligne" destinée à transporter dix passagers en moins d'une heure entre New York et Los Angeles. Le dessin de l'aérospationef était épuré. Il était encore difficile de le distinguer d'une fusée par sa configuration et par son profil de vol. Propulsé par un moteur alimenté en hydrogène et fluor, l'engin décollait de manière verticale et atteignait près de 500 km d'altitude avant d'effectuer un très long vol plané jusqu'à sa destination finale. Tsien argumentait son propos avec de nombreux schémas et affirmait que l'Armée de terre et la Marine commençaient à concevoir ce genre de véhicule.

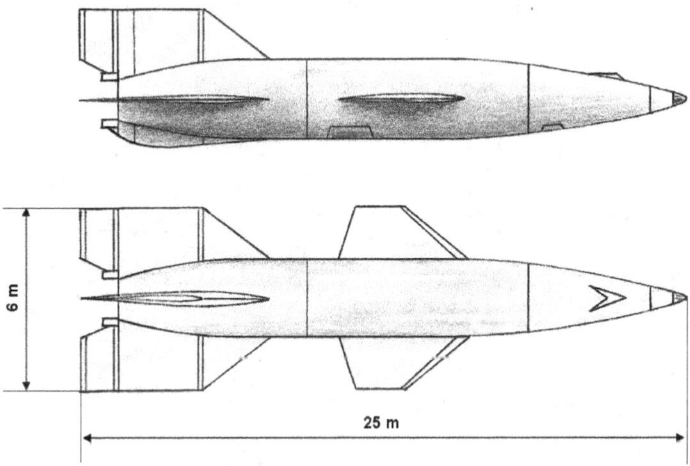

Le dessin de l'aérospationef de Tsien était épuré...©Ph. Coué

La notoriété du savant chinois, qui était grande dans le milieu de l'aéronautique, se répandit rapidement. Avec cette affaire de navette suborbitale, qui portait haut les espoirs des États-Unis au firmament alors que le mur du son était à peine franchi, Tsien fut sollicité par la presse américaine. Il dut expliquer aux journalistes, qui n'avaient pas la moindre compétence en matière de navette spatiale, comment les passagers pourraient voler à travers l'espace, l'apesanteur, les scaphandres, etc. Les journalistes devaient s'emparer de toutes ces notions nouvelles avec un intérêt non dissimulé. Les articles du *New York Times*, de *Popular Science* ou de *Flight* illustrèrent aussi le propos avec des aérospationefs qui arboraient les couleurs de grandes compagnies aériennes américaines telles que la TWA.

Projet de navette antipodale élaboré par Tsien à la fin des années 1940. ©Ph. Coué

New-York / San Francisco en 40 minutes

En 1949, Tsien expliqua comment s'effectuerait un vol habité transcontinental à bord de son avion-fusée. Il prit l'exemple d'un trajet entre New York et San Francisco, deux villes séparées par plus de 5000 km.

T0 -	Décollage de New York.
T+6 mn	L'arc suborbital culmine à 300 miles (550 km), puis c'est le début de la rentrée atmosphérique en mode planeur au-dessus de Des Moines dans l'Ohio à plus de 1800 miles (3330 km) du point de départ. A l'approche de San Francisco, la propulsion se fait par statoréacteur.
T+45 mn	Arrivée à San Francisco.

Tsien était persuadé qu'un vol rapide propulsé par fusée était préférable à un vol subsonique durant lequel des réacteurs seraient soumis à des efforts mécaniques intenses pendant des heures.

Un autre projet d'avion-fusée intercontinental élaboré par Tsien à la fin des années 1940. ©Ph. Coué

Tsien devait approfondir ses projets futuristes jusqu'en juin 1950. Ensuite, les dérives du Maccarthysme devaient l'atteindre. Dans cette véritable chasse aux sorcières anticommuniste, il fut accusé à tort d'avoir eu de mauvaises fréquentations politiques dans les années 1930. Malgré l'intervention des plus hautes personnalités du monde aérospatial américain dont von Kármán, les procédures judiciaires aboutirent au retour du prodige dans la mère-patrie en 1955. Il devint le principal artisan de la création des missiles en Chine, l'antichambre des activités spatiales qu'il souhaitait tant développer.

Tsien retourna aux États-Unis lors d'une visite officielle en 1972 et rencontra ses anciens amis. A cette époque, la Chine avait mis sur pied l'arme atomique et un programme spatial avec le lancement des premiers satellites.

A l'aune des premières réussites de l'empire du Milieu dans ces deux secteurs stratégiques, les États-Unis pouvaient mesurer l'erreur monumentale qu'ils avaient commise en renvoyant dans son pays natal celui qui était devenu l'un des plus grands pionniers de la fuséologie et de l'astronautique mondiale. Pour Iris Chang, Tsien avait dû quitter les États-Unis alors qu'aucune charge d'espionnage n'avait été retenue contre lui et sans aucune preuve d'un quelconque lien avec les communistes[7]. Pour le journaliste et historien Jim Oberg, les rapports de la CIA (Central Intelligence Agency) confirmeraient cette absence de charge.

Bref, forcé par les Américains, Tsien était retourné en Chine en emportant avec lui ses projets aérospatiaux les plus débridés.

---

7 - Dwayne A. DAY, "A dragon in winter", in *The Space Review website*, 14/01/08.

La mémoire à géométrie variable

A posteriori, on ne manque pas d'être étonné par "l'effacement" de Tsien dans la mémoire collective du paysage spatial de l'après-guerre. En quittant de force le territoire américain, le savant chinois avait emmené avec lui sa notoriété. Malgré le fait qu'il avait contribué de manière significative aux progrès de l'aérodynamique et des fusées et, de ce fait, aux déplacements rapides des objets aérospatiaux, Tsien disparut pendant plusieurs décennies de l'histoire et de la mythologie américaine des conquêtes de la vitesse et de l'espace. Pourtant contemporain de von Braun ou Korolev, la figure de proue du programme spatial chinois ne fut jamais évoquée comme telle à l'époque de la guerre froide. Tsien prospérait à l'ombre des établissements de recherche ou des Académies cadenassées par le pouvoir chinois. C'est surtout le Projet-921 "Shenzhou" qui allait le réhabiliter dans les médias au début du XXIe siècle. Une renommée qui fut même planétaire lorsque le magazine américain *Aviation Week and Space Technology* attribua à Tsien le qualificatif de "personnalité de l'année 2007".

En 1946, Krafft Ehricke proposa aux Chinois de réaliser un successeur ailé du V-2

Si l'avion spatial a bien franchi le Pacifique dans les bagages de Tsien au milieu des années 1950, une autre histoire a été révélée par Marsha Freeman au congrès de la Fédération internationale d'astronautique qui se tenait à Pékin en septembre 2013[8]. Elle est étonnante et éclaire d'un jour nouveau cette intense période de "tractations" des technologies allemandes les plus avancées au lendemain de la Seconde Guerre mondiale. Elle concerne, la tentative de

8 - Marsha FREEMAN, *A 1946 proposal for a Chinese rocket programme*, IAC-13-E4.3.3, 64th IAC, Beijing, septembre 2013.

deux anciens de Peenemünde - Krafft Ehricke et Friedrich Erdmann-Jestnizer - d'offrir leurs services en proposant aux Chinois un véritable programme spatial. Ainsi, en se basant sur les recherches de Marsha Freeman, la chasse aux fusées et aux technologies aérospatiales évoluées développées par les nazis ne concernait pas seulement les Américains et les Soviétiques.

Ancien collaborateur de Walter Thiel pour élaborer la propulsion des V-2, Krafft Ehricke aurait dû faire partie du contingent d'ingénieurs allemands qui fut envoyé aux États-Unis dans le cadre de l'opération Paper Clip. Mais Ehricke souhaitait auparavant retrouver son épouse dans Berlin en ruine. Dès lors, dans l'incertitude de recevoir une nouvelle offre des Américains pour rejoindre ses collègues et pour subsister, il prit les devants et élabora un projet de collaboration qui aurait pu intéresser d'autres nations. Un document intitulé *Verschlag zur Verwirklichung des baues moderner raketen in China* (Proposition pour le développement et la construction de fusées modernes en Chine) avait été préparé avec Friedrich Erdmann-Jestnizer et était daté du 5 avril 1946. Il offrait aux Chinois la possibilité de bénéficier de toutes les avancées allemandes dans le domaine des fusées et de leurs applications potentielles. Le projet prévoyait le développement progressif des fusées, depuis les petits modèles à poudre jusqu'aux missiles V-2.

Mais la section des "travaux avancés" proposait rien de moins aux Chinois que de poursuivre la conception et le développement des projets spéciaux élaborés à la fin de la guerre par les meilleurs ingénieurs du Reich. L'un d'eux était le planeur habité hypersonique A-9. Cette sorte de V-2 ailé avec un cockpit pressurisé et un train tricycle devait être lancée par une grosse fusée A-10. A la vérité, il s'agissait du lanceur biétage qui avait été révélé à Tsien un an plus tôt par von Braun.

Ehricke et Erdmann-Jestnizer offrirent leurs services à la mission militaire chinoise qui s'était rendue à Berlin en 1946. Une unité expérimentale aurait pu être créée en Allemagne dans la zone occupée par les Anglais en préalable au départ vers la Chine des techniciens et chercheurs allemands sur des bases contractuelles. Mais les envoyés de Pékin ne donnèrent jamais suite au projet. En définitive, en 1947, Ehricke rejoignit Fort Bliss au Texas où les autres allemands étaient déjà très impliqués dans l'essai des V-2 et le développement des nouvelles fusées américaines. Ensuite, il deviendra le concepteur de l'étage supérieur Centaur et n'aura de cesse de promouvoir l'avènement d'une civilisation spatio-pérégrine (il a développé pendant plusieurs années la thèse de "l'impératif extra-terrestre" pour explorer et coloniser l'espace afin de préserver l'espèce humaine).

On imagine assez bien l'avance que la Chine aurait eue dans le domaine des missiles et celui de l'espace si elle avait donné suite à la proposition d'Ehricke. Mais l'absence de réaction de la part des militaires chinois en 1946 trahissait peut-être tout simplement l'absence d'expertise et d'organisation scientifique adéquate pour évaluer correctement le déferlement de technologies et de matériels qui étaient énumérés dans les 87 pages rédigées par les deux spécialistes allemands des fusées. L'Histoire prit un autre cours.

**
*

La plupart des découvertes scientifiques et des inventions apparaissent de manière simultanée dans plusieurs pays. C'est le cas des avions spatiaux dont l'emploi théorique et pratique fut à la fois imaginé en

Allemagne et aux États-Unis. Mais chez les vainqueurs de la Seconde Guerre mondiale, c'est un savant chinois dénommé Tsien qui fut à la pointe de ce secteur. Peut-être trop en avance pour son époque, ses idées et ses projets futuristes ne résistèrent pas aux affres de la politique qui l'accusaient de sympathie communiste. Tsien fut renvoyé en Chine. En l'expulsant des États-Unis, les Américains avaient semé une graine qui ne cesserait plus de croître et d'embellir dans l'empire du Milieu. Tsien avait rejoint la mère-patrie avec ses fusées et ses rêves d'avions spatiaux. La longue marche du programme spatial chinois pouvait commencer.

CHAPITRE 2

La maîtrise du retour d'orbite et les premières rumeurs

Lorsque Tsien retourna en Chine en 1955, son pays avait complètement retrouvé son indépendance et sa dignité. En quelques années, la nation la plus peuplée de la planète avait rejeté ses envahisseurs et ses concessions. Mais la Chine était démunie, pour ne pas dire exsangue sur le plan économique. *A priori*, il n'y avait pas de place pour les génies de la trempe de Tsien. *A priori* seulement, car les responsables politiques et militaires cherchaient désespérément des solutions pour moderniser la défense d'un immense territoire et pour trouver des parades au nouveau péril nucléaire qui soient crédibles. Tsien apportait son savoir pour frapper l'ennemi avec des missiles. Ainsi, en donnant la priorité à ces vecteurs pour transporter des armes de destruction massive à des fins de dissuasion, la Chine délaissa l'aviation en se contentant d'acheter ses appareils à l'étranger ou de les copier. Ce choix est historique, car il sera déterminant pour l'avenir de l'aviation et de l'astronautique chinoises. Aujourd'hui, cette différence de traitement est encore perceptible : les activités spatiales sont au meilleur niveau mondial alors que l'aéronautique commence seulement à produire des réalisations originales.

Des missiles aux premières capsules récupérables

Jusqu'à la brouille avec l'URSS à la fin des années 1950, la technologie des missiles dérivée des V2 allemands récupérés par les Soviétiques était transférée aux fuséologues de Pékin. Cette courte coopération fut suffisante pour enclencher la fabrication de missiles dans le cadre du fameux Plan de 12 ans pour la Science et la Technologie. Il est très probable que l'influence de Tsien fut grande pour établir les axes qui permettaient d'accéder, au-delà de la simple activité de missile, à l'astronautique.

Au début des années 1960, c'est bien la fusée consommable qui était visée par les ingénieurs de Pékin. En lien direct avec le programme de bombe atomique, il ne s'agissait pas de réaliser un quelconque avion spatial. Mais cet effort militaire sans précédent faisait germer des compétences très pointues dans des secteurs qui étaient généralement traités par la prospective, sinon par la science-fiction. A la vérité, la dynamique révolutionnaire avait permis à la Chine d'embrayer sur la *Big Science* aérospatiale avec quelques années de retard seulement par rapport à l'Union Soviétique et surtout aux États-Unis. C'était tout à fait remarquable. La Chine qui sortait meurtrie de la Seconde Guerre mondiale revenait dans les affaires du monde et par la grande porte après 200 ans "d'effacement".

L'astronautique s'immisça logiquement dans ce contexte opportun. Les germes qui avaient éclos en Union Soviétique et aux États-Unis montraient aussi l'avantage de "détourner" la technologie militaire de pointe en réalisant des opérations très médiatiques aux retombées politiques immenses. Ainsi, le président Mao Zedong fut très impressionné par les premières spatiales soviétiques et américaines, tant automatiques qu'habitées. Il était persuadé que le Spoutnik était à la portée de la Chine comme le vol spatial habité.

Dans ce domaine, il demanda à ses ingénieurs de concevoir une capsule qui devait dépasser en capacité de transport le Voskhod soviétique (trois cosmonautes) et la capsule américaine Gemini (deux astronautes). Mais si la Chine pouvait se hisser facilement au niveau du Spoutnik, une montagne restait à gravir pour concevoir un vrai vaisseau spatial qui pouvait être mis sur orbite et surtout récupéré.

La capsule s'immisce très tôt dans l'astronautique chinoise

Confiés à la 5e Académie (l'ancêtre de l'Académie chinoise de technologie spatiale ou Cast) dans le cadre du Projet-911, les travaux sur la capsule débutèrent au milieu des années 1960 sous la direction de Wang Xiji. Si l'objectif des ingénieurs consistait à tester des "démonstrateurs de retour d'orbite", le pouvoir avait ordonné que la capsule soit immédiatement opérationnelle et utilisée pour observer la Terre. Un effort de développement technologique conséquent fut conduit en dépit des affres de la Révolution Culturelle (1966 - 1976) qui affectèrent parfois les meilleurs ingénieurs, les circuits d'approvisionnement et toute l'industrie. Mais le secteur spatial était stratégique et les dirigeants politiques, en particulier Zhu Enlaï, firent tout ce qui était possible pour conserver ce qui devait l'être. Aussi, à la fin des années 1960, la capsule était définie ; elle fut lancée dans le cosmos en 1975 octroyant à la Chine la troisième place dans le secteur du retour d'orbite qui était largement dominé par les Américains et les Soviétiques. Dénommée Fanhui Shi Weixing (FSW ou satellite d'essai récupérable), cette capsule fut déclinée en quatre versions de plus en plus perfectionnées :

- FSW-0 (neuf modèles entre 1975 et 1987) ;
- FSW-1 (cinq modèles entre 1987 et 1993) ;

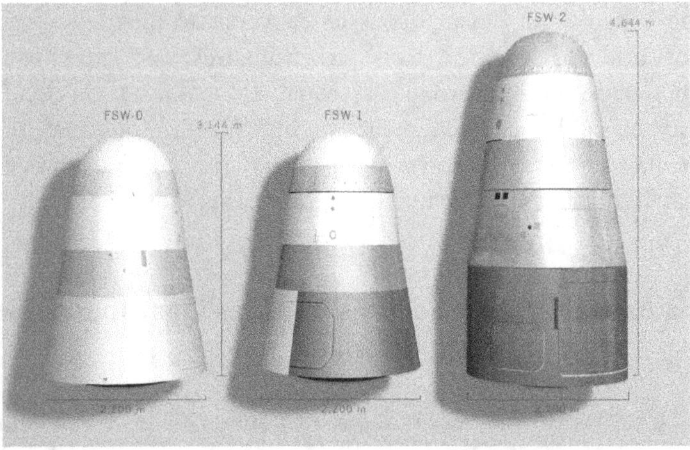

Le programme de capsule FSW permit à la Chine de maîtriser le retour d'orbite. Au-delà des seules missions de reconnaissance, puis des premières expériences en microgravité, qui étaient récupérées après quelques jours ou quelques semaines, les ingénieurs chinois devaient maîtriser cette étape avant d'envisager des projets plus ambitieux avec d'autres configurations. ©M. Cherfi

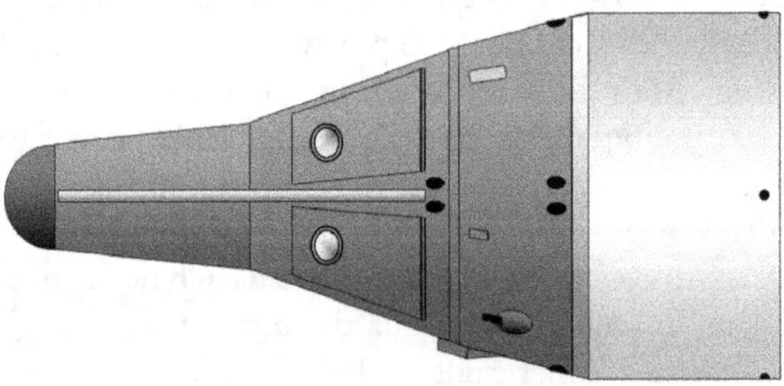

Représentation de la capsule habitée Shuguang, première tentative chinoise pour mettre des cosmonautes en orbite. Dévoilée au début des années 2000, cette Gemini chinoise conserve néanmoins de nombreux mystères. ©Ph. Coué

- FSW-2 (trois modèles entre 1992 et 1996) ;
- FSW-3 (six modèles entre 2003 et 2006).

Les ingénieurs chinois avaient beaucoup progressé avec ces capsules. Dans le domaine des matériaux, ils avaient dû mettre au point de nouveaux alliages et leurs premières protections thermiques. En outre, le pilotage du vaisseau en orbite requérait une électronique adaptée au vol spatial, c'est à dire miniaturisée et résistante aux contraintes les plus sévères. Enfin, un système d'atterrissage en douceur avait été développé avec un moteur de désorbitation et une chaîne parachutage complète.

La réussite des FSW, obtenue par une nation qui était encore qualifiée de "sous développée", démontrait néanmoins qu'une organisation complexe existait déjà dans les années 1970 avec ses théoriciens de l'astronautique et ses ingénieurs qualifiés et parfois spécialisés dans des domaines exotiques. Par ailleurs, des équipements et des processus nouveaux irriguaient les activités spatiales chinoises.

Avec les FSW, il s'agissait bien de satellites de reconnaissance, mais pour les observateurs occidentaux, le passage en quelques années d'un Spoutnik chinois (lancé en 1970) à un véhicule beaucoup plus important capable de franchir les couches denses de l'atmosphère pour revenir sur Terre était surprenant. D'aucuns affirmaient que ces capsules dénommées FSW préparaient en réalité le vol d'un cosmonaute chinois dans l'espace. Pour la finalité du programme FSW, ils avaient tort. En revanche, un programme de vols spatiaux habités avait bien été engagé mais cet effort fut tenu secret pendant plus de trente ans.

En effet, dans le cadre du programme Shuguang - dénommé Projet-714 - la Chine a tenté de développer sur la base des capsules FSW une version habitée pour un seul cosmonaute. Mais il aurait voyagé dans des conditions périlleuses et surtout cette capsule monoplace n'aurait pas correspondu aux vœux du grand leader en ne glorifiant qu'une seule personne. Cela n'était pas en phase avec la vision communiste de l'époque. Même si les ingénieurs de l'industrie spatiale chinoise ne pouvaient immédiatement concevoir le vaisseau à cinq places demandé par Mao, un engin biplace était le minimum requis. Ce qui fut effectivement engagé. Selon les informations les plus récentes, la configuration de cette capsule était très proche des capsules américaines Gemini. Le premier vol d'essai automatique de Shuguang était prévu en 1973 tandis qu'un premier vol habité aurait été effectué en 1974. Une vingtaine de candidats cosmonautes furent recrutés parmi les pilotes de l'Armée populaire de libération (APL). Ils s'entraînèrent pendant deux ans dans des conditions très précaires avant que le projet soit abandonné.

Bien des années plus tard, des témoins de ces années turbulentes firent savoir que des intrigues politiques et des changements de priorité avaient sensiblement diminué les crédits du Projet-714 dès le début des années 1970. Mais comme personne n'osait demander au Grand Timonier qui l'avait ordonné s'il fallait annuler le programme, les travaux furent poursuivis à un rythme beaucoup plus lent. En définitive, le développement du premier vaisseau habité chinois cessa quelque temps après la mort de Mao Zedong.

Bien sûr, ailleurs on ne savait rien de tout cela et les rumeurs sur une future capsule habitée chinoise ont traversé toutes les années 1970, jusqu'à la diffusion dans la presse de Hong Kong (qui était encore sous tutelle britannique à cette époque) des premières photographies montrant des cosmonautes à l'entraînement. Ces vues firent croire à l'imminence d'un premier vol habité chinois. Mais la Chine annonça rapidement que le projet était reporté *sine die*. Si le projet Shuguang restait bien tenu à l'écart des curieux, la volonté des Chinois de réaliser des capsules plus sophistiquées avait été révélée.

Au-delà des capsules FSW et Shuguang, une photographie sème le trouble depuis plus de trente ans sur les axes de développement du retour d'orbite en Chine.

Le cockpit d'un étrange vaisseau fantôme

En 1980, lorsque la Chine dévoila les premières photographies concernant son projet de vol spatial habité, il fut immédiatement associé aux capsules récupérables FSW. Mais si les premiers clichés montraient des cosmonautes vêtus de scaphandre ou à l'entraînement, la deuxième série publiée quelques mois plus tard comportait la vue d'une cabine de pilotage. A la vérité, il s'agissait d'une illustration singulière à plus d'un titre.

Primo, les dimensions de ce poste de pilotage étaient bien trop importantes pour correspondre à l'encombrement admis pour les capsules FSW, car celles-ci pouvaient seulement abriter un cosmonaute de petite taille et contorsionniste. Et puis, il n'était pas monoplace ; deux larges fauteuils occupés par des personnes en survêtement (identiques à ceux portés par les candidats cosmonautes chinois) entouraient une console centrale. Celle-ci rejoignait la planche de bord munie d'un écran cathodique conversationnel au centre et d'une multitude de petits cadrans, de jauges, de compteurs et de boutons poussoirs. Au début des années 1980, l'ensemble semblait assez primitif, sinon rustique. L'agencement global de ce pupitre ne correspondait à rien de connu. Mais l'emplacement des voyants et des commandes semblait moins aléatoire que celui des modèles de science-fiction.

37 ans après sa publication, cette photographie demeure une énigme et un document unique qui fut à l'origine de très nombreuses spéculations au sujet des vols spatiaux habités chinois. Les ombres au-dessus de la planche de bord suggèrent la présence d'un pare-brise qui n'est pas compatible avec les capsules FSW ou Shuguang. Cette relique montre une maquette d'aménagement de la cabine d'un projet d'avion spatial inconnu ou son simulateur. ©DR

Secundo, l'éclairage de cette cabine de pilotage était diffusé en abondance devant les "pilotes". Bien des années plus tard, une version du cliché en couleur et au plan agrandi permit de confirmer ce qui était pressenti par les *china watchers* : la présence d'un pare-brise avec deux fenêtres. De même, les dimensions et les positions des fenêtres divergeaient beaucoup des hublots plus petits qui équipaient habituellement les capsules. Bref, l'intérieur de ce cockpit s'éloignait franchement des habitacles rudimentaires du début de la conquête spatiale.

En astronautique habitée, tous ces détails convergeaient vers un véhicule à la configuration aérodynamique comportant une voilure (avion spatial) ou une forme portante (lifting body). Bref, en plus de la capsule habitée Shuguang, la Chine aurait commencé à définir l'aménagement d'un autre véhicule de retour d'orbite plus élaboré pour ses cosmonautes et peut être même son simulateur. Mais ce véhicule, on ne l'a jamais vu même s'il est mentionné dans la célèbre *Encyclopeadia Astronautica* de Mark Wade comme une sorte de Dyna Soar chinois. A la vérité, aucune source crédible ne permet d'accréditer ce projet qui serait attribué à Tsien lui-même. Et puis, aucun lanceur connu n'était capable de mettre sur orbite un vaisseau habité plus imposant qu'une capsule.

Un nouvel élément pourrait peut-être nous éclairer davantage sur cette étrange histoire. Il est apparu dans un ouvrage publié en 2011 et intitulé *Les années aérospatiales de Tsien*. Plusieurs pages détaillent les projets spatiaux qui furent adoptés en 1970 pour le quatrième plan quinquennal (1971-1975). Ils étaient très ambitieux, car tous les domaines d'applications devaient être maîtrisés pour une utilisation majoritairement militaire. Il y avait des satellites automatiques, mais aussi un vaisseau de reconnaissance et un vaisseau de combat dénommés respectivement Force Suprême-1 et Force Suprême-2. Ces deux engins devaient transporter deux, trois ou cinq cosmonautes. Au-delà du vaisseau biplace Shuguang, l'objectif initial réclamé par Mao de dépasser les capacités de transport des vaisseaux soviétiques et américains aurait bien été atteint. Pour ces raisons, ces engins militaires chinois pilotés auraient été différents des premières capsules FSW ou Shuguang. Mais, une fois de plus, rien ne permet d'affirmer qu'ils correspondaient à un lifting body ou à un avion spatial. Il faudra encore s'armer de patience pour connaître la vérité.

**
*

En même temps que la mise sur orbite des vaisseaux spatiaux, la préoccupation des ingénieurs chinois se porta sur leur retour dans l'atmosphère et leur récupération intacte. Cette volonté particulièrement ambitieuse pour une nation qui démarrait l'astronautique fut dictée en réalité par des préoccupations politiques visant davantage à mettre au point une capsule habitée. Ce projet ne fut jamais achevé par manque de moyens techniques et financiers. Aussi, l'empire du Milieu se borna à exploiter les capsules automatiques FSW pour des usages militaires (majoritaires) et scientifiques (marginal). C'est ce programme qui a constitué le socle sur lequel tous les autres projets réutilisables et/ou de retour d'orbite ont pu être bâtis.

CHAPITRE 3

Les navettes spatiales du Projet-863

Au début des années 1980, une nouvelle compétition spatiale débuta entre les États-Unis et l'Union Soviétique dans le cadre de la Guerre des étoiles (Initiative de défense stratégique / IDS) pour créer un bouclier anti-missile. Dans les deux pays, les complexes militaro-industriels tentèrent de mettre au point des technologies exotiques très avancées pour détecter, suivre et détruire des cibles ennemies dans l'espace. La Chine craignait que cet effort technologique sans précédent ne la disqualifie définitivement si elle ne réagissait pas. C'est pour cette raison que fut décidé l'incroyable Projet-863 en 1986[9]. Au-delà de l'objectif militaire, cette initiative visait à améliorer la compétitivité de la Chine et ses capacités de recherche et développement dans tous les domaines de la science et de la technologie. Assurément, le Projet-863 fut l'un des accélérateurs du renouveau chinois.

---

9 - Selon des sources américaines, le Projet-863 aurait été vivement encouragé par d'éminents scientifiques chinois : Wang Daheng, Wang Gangchang, Yang Jiaxi et Cheng Fangyun. Au milieu des années 1980, ils auraient convaincu Deng Xiaoping de mettre en œuvre une riposte appropriée à l'Initiative de défense stratégique américaine et sa contrepartie européenne technologique et civile Eureka.

Le redémarrage des vols spatiaux habités dans le cadre du Projet-863

Bien sûr, l'espace était inclus dans le Projet-863. A côté du lanceur lourd et de la station spatiale, le vol habité fut à nouveau inscrit sur l'agenda des priorités chinoises. Selon l'analyste américain Gregory Kulacki[10], c'est en mars 1986 que les débats furent engagés en Chine sur l'utilité et la faisabilité d'envoyer des hommes dans l'espace ainsi que l'étude des vaisseaux adéquats, y compris les avions spatiaux.

Le contexte qui avait engendré le projet Shuguang appartenait définitivement au passé et il fallait redémarrer de zéro les discussions dans ce domaine. Les experts de diverses institutions impliqués dans ces réflexions avaient des avis divergents sur les retombées d'un tel programme pour faire progresser les activités spatiales et le niveau technologique de la Chine en général. D'aucuns arguaient aussi qu'il serait dispendieux de s'engager dans cette aventure. Mais au milieu des années 1980, la mise en orbite de la station soviétique Mir et les rapports prospectifs américains tendaient à démontrer l'expansion de la présence humaine en orbite basse à la fin du siècle. Le développement de la Chine exigeait de suivre cette dynamique. Mais six années allaient être nécessaires avant le démarrage officiel du programme.

Selon Chen Lan, le webmaster du célèbre site Internet *Go Taikonaut*, qui a aussi évoqué cette histoire, il y avait deux projets pour le vol spatial habité[11] :

---

10 - Gregory Kulacki est chef du projet Chine à l'Union des scientifiques vigilants, un *think tank* basé à Cambridge dans le Massachussetts.

11 - Chen Lan, "Dragon in space", in *Spaceflight* vol. 46/n°4, Londres, avril 2004, pp. 137 à 144.

- Projet 863-204 pour le système de transport spatial (vaisseau et lanceur) ;
- Projet 863-205 pour la station spatiale.

L'étude du transport spatial habité fut conduite par deux organismes étatiques et leurs industriels : le ministère de l'Industrie aéronautique et le ministère de l'Industrie astronautique.

Les navettes spatiales du ministère de l'Industrie aéronautique

Le ministère de l'Industrie aéronautique initia en son sein le Projet-869 pour concevoir un vaisseau ailé réutilisable capable d'emporter trois à cinq cosmonautes et 7 t de charge utile sur orbite basse à 500 km d'altitude comme l'avaient ordonné les responsables du Projet-863.

Pour accomplir cette mission, un petit avion spatial - 17 m de long et 10 m d'envergure - devait être lancé par une variante de la fusée CZ-3 qui était déjà exploitée. Mais les performances furent revues à la baisse ; seulement 3 à 5 tonnes auraient été transportées dans une petite soute de 35 m^3. Au moins 15 ans de développement étaient nécessaires pour être opérationnel au début du XXIe siècle. Une étude parallèle, inspirée du projet européen d'avion spatial Hermès, fut conduite par l'Institut de conception d'aéronef de Chengdu (Institut 611).

Mais le doute sur le bien fondé de ces projets affecta le ministère de l'Industrie aéronautique. En effet, alors que les navettes spatiales de première génération étaient en chantier (Bourane, Hermès, etc.) ou déjà exploitées (orbiteur de la Nasa), fallait-il engager la Chine dans une version "minimaliste" de ces véhicules ? Dans le contexte de débauche de programmes spatiaux à l'époque de la guerre froide, le risque était grand pour la Chine d'être distancée. Ce n'était pas ce qu'avaient demandé les instances dirigeantes.

Alors, les ingénieurs chinois prirent le chemin très risqué des navettes spatiales de seconde génération suivis par leurs collègues étrangers. En outre, seul le décollage horizontal était autorisé. *A posteriori*, on peut affirmer que ce sont les spécifications de l'aéronautique et son mode de fonctionnement qui ont influencé cette orientation pour le moins osée. Selon les plans de l'époque, une vingtaine d'années auraient été nécessaires pour mettre en œuvre ce type de navette dont quatre versions furent proposées :

- une navette monoétage propulsée par trois-moteurs combinés (aérobie et fusée) ;
- une navette monoétage propulsée par six statoréacteurs et quatre moteurs-fusées ;
- un système de transport spatial réutilisable biétage avec un porteur propulsé par six statoréacteurs et une navette orbitale propulsée par quatre moteurs-fusées ; la séparation du composite intervenait à 26 km d'altitude et Mach 5 ;
- un système de transport spatial réutilisable biétage avec un porteur propulsé par 16 réacteurs et une navette orbitale réutilisable propulsée par quatre moteurs-fusées ; la séparation du composite intervenait à 18 km d'altitude et Mach 2,6.

Les trois projets du ministère de l'Industrie astronautique

En toute logique, l'industrie spatiale et son ministère furent mobilisés pour participer à la définition des futurs moyens d'accès habités à l'espace. C'est l'Académie de

Shanghai de la technologie du vol spatial (Sast) qui ébaucha une navette dénommée Chang Cheng-1 (CC1 ou Grande Muraille-1). Ce projet s'inspirait beaucoup de l'orbiteur américain tout en suivant les spécifications qui avaient été ordonnées par les responsables du Projet-863-204 : cinq cosmonautes et cinq tonnes de charge utile sur orbite basse. L'Académie de la technologie des lanceurs (la Calt) étudia un autre avion spatial qu'elle dénomma Tian Jiao-1 (Prééminence spatiale-1) qui aurait utilisé des fusées existantes. Ce véhicule ailé était plus petit que le projet de la Sast (1/6 e de l'orbiteur américain).

Par rapport à tous les autres prétendants, la Cast se démarquait nettement avec l'étude d'une capsule non réutilisable très conventionnelle. L'expérience de cette entité technico-industrielle avec les capsules FSW constituait un atout considérable même face à tous les autres projets futuristes. Elle confia à son Institut-508 (aussi dénommé Institut de Pékin de machine et d'électronique spatiale) le soin d'étudier trois vaisseaux qui puissent assurer la desserte d'une station orbitale et servir de chaloupe de sauvetage. Le vaisseau de la Cast présentait aussi l'avantage de pouvoir être plus rapidement mis en service et pour une fraction du coût de tous les autres systèmes réutilisables.

Cinq navettes et une capsule

En 1987, les deux ministères firent parvenir leurs propositions aux responsables du Projet-863-204. Les experts de l'industrie et des institutions aérospatiales chinoises devaient examiner les six propositions suivantes :

- un véhicule dont la configuration ressemblait à celle de l'avion spatial européen Hermès ;
- la mini-navette Tian Jiao-1 ;

- la mini-navette Chang Chen-1 ;
- le système de transport spatial biétage entièrement réutilisable V-2 ;
- le système de transport spatial biétage H-2 avec une mini-navette spatiale ;
- la capsule spatiale habitée.

Hermès chinois - Le petit avion spatial s'imposait logiquement après la capsule. A l'époque où il fut étudié, l'Europe avait largement médiatisé un projet similaire dénommé Hermès qui avait pris racine en France au milieu des années 1970 sur la base de travaux encore plus anciens. Dans ces conditions, il aurait été facile pour la Chine de s'en informer dans les congrès très fréquentés par les institutionnels et industriels impliqués dans ce programme. Mais nous ne soutenons pas les allégations de certains analystes connus qui affirment l'existence de "relations étroites" entre l'Europe et la Chine dans ce domaine sensible au milieu des années 1980. De toute manière, l'Institut 611 du ministère de l'Aéronautique avait toutes les compétences pour élaborer seul un Hermès chinois. De ce véhicule, nous connaissons seulement la forme et une approximation des dimensions qui étaient proches de l'avion spatial européen. Ces informations furent diffusées dans une brochure de l'Institut aérodynamique de Pékin distribuée en 1998 au salon aérospatial de Zhuhai. Le 16 décembre 2010, des sites spécialisés chinois publièrent une photographie qui montrait une petite maquette de ce véhicule destinée aux essais en soufflerie[12].

L'avion spatial Tian Jiao-1 - Cette sorte de navette spatiale américaine en modèle réduit (1/6e) avec sa voilure en double delta mesurait 16,5 m de long pour 12 m

---

[12] - Gary, "Russians and China said to be working on their own X-37 type craft", in *Suasnews website*, 30/01/11.

d'envergure. Pesant 20 à 25 t, cet engin conçu par la Calt devait être mis sur orbite par un nouveau type de lanceur chinois qui aurait comporté deux boosters (3 m de diamètre pour 33 m de long) à ergols liquides qui flanquaient un étage central cryogénique (4 m de diamètre pour 46 m de long). A l'instar du LKS (*Lekyi Kosmicheskyi Samaliot*) soviétique, dont les dimensions étaient proches, il aurait pu être utilisé en mode habité ou automatique. 15 ans auraient été nécessaires pour développer Tian Jiao-1 selon la Calt. Une maquette de cet avion spatial fut présentée à l'exposition universelle d'Hanovre en 2000.

La mini-navette spatiale Chang Chen-1 (CC1 ou Grande Muraille-1) - Conçu par l'Institut-604 du ministère de l'Industrie astronautique et la fameuse Académie de la technologie du vol spatial de Shanghai (Sast), Chang Chen-1 était plus imposante que Tian Jiao-1 avec 24,7 m de long, un fuselage de 4,8 m et une envergure de 13,98 m. Cet engin de 39 t était lancé par une fusée consommable comportant un corps central et deux accélérateurs d'appoint identiques alimentés en oxygène et hydrogène liquides. Après la séparation à 176 km d'altitude, Chang Chen-1 se mettait sur orbite avec ses moteurs. Par ailleurs, elle possédait des réacteurs pour assurer l'approche et l'atterrissage. Une grande partie du volume de l'engin spatial était donc occupée par des réservoirs. Pour cette raison, le volume de la soute était très faible comparé à celui de la Navette spatiale américaine. Chang Chen-1 pouvait mettre sur orbite des charges utiles de cinq tonnes. L'équipage devait comporter deux pilotes et trois passagers. Chang Cheng-1 était conçue pour desservir une station spatiale et effectuer des missions solos pour les civils et les militaires. Réutilisable une trentaine de fois, la navette de la Sast aurait effectué quatre vols par an pendant une vingtaine d'années. 20 ans auraient été nécessaires pour la développer.

Les avions spatiaux chinois du Projet-863 (1/2)

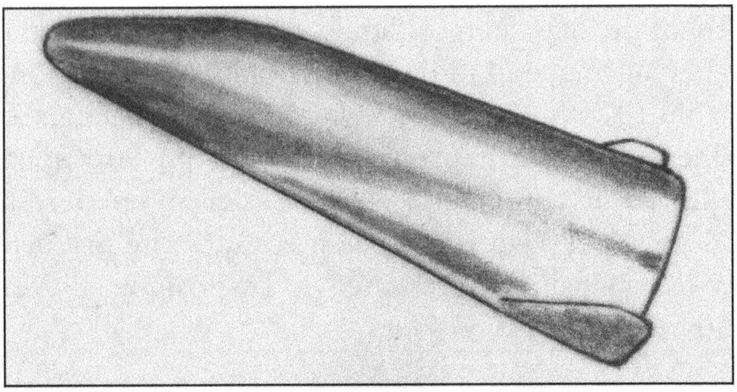

L'avion spatial de l'Institut-611 : une configuration proche de l'Hermès européen avec une voilure dotée de *winglets*. ©Ph. Coué

L'avion spatial Tian Jiao-1 conçu par la Calt, un air de ressemblance avec les navettes spatiales américaines et soviétiques pour sa voilure en double delta. ©M. Cherfi

Les avions spatiaux du Projet-863 (2/2)

Chang Chen-1 ressemblait encore plus à l'orbiteur américain pour la partie avant, mais il comportait des winglets à l'extrémité des voilures. Ce projet conduit par un Institut directement rattaché au ministère de l'Aéronautique fut peut-être plus influencé que les autres pour suivre les configurations adoptées par les USA et l'URSS. ©Ph. Coué

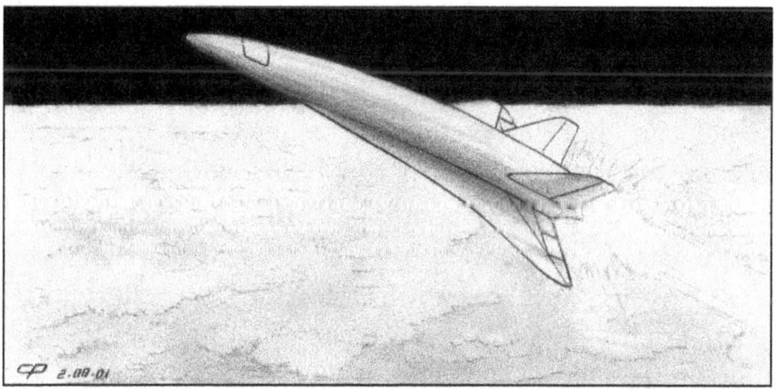

Le premier étage du projet de transporteur biétage réutilisable H2 adoptait une configuration de véhicule hypersonique très en vogue dans les années 1980 avec le X-30 américain ou le Saënger II allemand. ©Ph. Coué

Le projet V2 - Conçu par le 11e Institut du ministère de l'Aéronautique, il s'agissait d'un système de transport spatial biétage entièrement réutilisable. Chaque étage était propulsé, muni d'une voilure et revenait se poser à la manière d'un aéronef à sa base de départ. En dehors de quelques maquettes, ce projet est resté confidentiel.

Le projet H2 - Proposé par l'Institut 601 du ministère de l'Aéronautique, ce projet était le plus futuriste des cinq. Le H2 était un système de transport biétage de 330 t lui aussi entièrement réutilisable. Mais si le projet V2 utilisait une propulsion chimique classique qui utilisait des moteurs-fusées, ce n'était pas le cas du H2. En effet, le premier étage (198 t) était un véhicule hypersonique propulsé par six moteurs aérobies. Il larguait, entre 26 et 32 km d'altitude et à Mach 6, le deuxième étage (132 t) - une petite navette spatiale avec trois cosmonautes - qui se satellisait avec ses moteurs-fusées. Comme tous les autres compétiteurs du Projet-863, il fut officiellement révélé au début du XXIe siècle. Pourtant, un système de transport spatial similaire au H2 a défrayé la chronique aérospatiale des années 1990. On retrouve sa trace en 1991 dans un article de la revue *AWST*[13] qui citait une discussion avec le professeur Li Zhuguang. Ingénieur en chef de l'Institut de recherche aéronautique de Shenyang, ce professeur affirmait qu'il conduisait avec une cinquantaine de personnes la conception, le développement et les essais de moteurs aérobies, de statoréacteurs et de fusées. Ensuite, au Congrès mondial de l'astronautique, qui se tenait en 1996 à Pékin, une présentation semblait définitivement lier ce H2 au projet allemand Sänger ; il émanait justement de l'Institut 601[14], l'autre dénomination de

---

13 - Anon., "Chinese studying TSTO-based space transportation system", in *AWST*, New York, 9/12/91, p.70.

14 - Yin NAN, Shilu CHEN, Hui YAN et Xuefu LU, *The optimal design of ascent trajectory/airbreathing propulsion performance of TSTO/HTO launch vehicles*, IAF-96-A3.02, 47e IAC, Pékin, 7-11/10/96.

l'Institut de recherche aéronautique de Shenyang, filiale du constructeur aérospatial Shenyang Aircraft Corporation. Une maquette du H2 est encore visible dans une vitrine du musée de cette société.

La compétition acharnée entre la capsule et l'avion spatial

En juillet 1988, la capsule de la Cast et la mini-navette Tian Jiao-1, proposée par la Calt, avaient été sélectionnées par 17 experts du Projet-863-204 qui s'étaient réunis pour l'occasion à Harbin, la grande cité au Nord-est de la Chine. Ces deux projets avaient récolté les scores maximums de 84 et 83,69 points. *A priori*, la capsule de la Cast était encore mieux placée, car elle n'exigeait pas de saut technologique et pouvait être développée avec un budget acceptable. Cependant, l'exploitation régulière des orbiteurs de la Nasa (National Aeronautics and Space Administration), l'avènement de la navette spatiale soviétique Bourane et le démarrage du projet européen Hermès furent à l'origine de nombreux débats sur l'avantage des avions spatiaux réutilisables par rapport aux capsules consommables. La Calt supportait ardemment la navette spatiale. La célèbre Académie développa tous les argumentaires possibles pour promouvoir un vaisseau réutilisable qui était la tendance dominante des programmes à l'étranger. Elle ajoutait que le lancement de cosmonautes chinois avec une capsule serait "disgracieux". Cependant, les responsables de l'astronautique au sein du Projet-863-204 n'avaient pas tous les mêmes priorités que la Calt. Pour justifier la création d'un système de lancement ou d'un engin réutilisable, la Chine devait réaliser un très grand nombre de tirs. En dépit des plus grandes retombées évidentes pour l'économie et l'industrie, la navette spatiale ne semblait pas adaptée aux développements prévisibles de l'astronautique chinoise. Le nombre de charges utiles à lancer serait encore faible dans les années 1990. En outre, la mise au point d'un tel véhicule serait très complexe et son utilisation opérationnelle probablement retardée pour la mise au point de technologies que la Chine ne maîtrisait pas. De même, l'accident de la Navette spatiale Challenger le 28 janvier 1986 avait engendré des doutes concernant le développement et l'utilisation de ces vaisseaux spatiaux réutilisables.

Bref, à l'issue de cette réunion importante, aucun consensus n'avait été atteint et il fut même décidé de réaliser deux programmes en parallèle. La capsule aurait été développée en dix ans tandis que l'avion spatial devait voler vers 2015.

Dans les débats intenses pour départager la capsule et l'avion spatial, une personnalité très respectée se fit entendre. Il s'agissait de Wang Xiji qui dirigea les programmes de capsules FSW et Shuguang. Son analyse de la navette spatiale américaine - en particulier après l'accident de Challenger en 1986 - démontrait qu'une capsule serait beaucoup plus fiable et économique. De même, il s'insurgea sur le fait de devoir dépenser des budgets considérables sur un moyen de transport qui devait desservir une station spatiale. Cette dernière constituait toujours l'objectif principal de tout le projet de vol habité chinois et il ne fallait pas que son accès se fasse au détriment du reste. L'analyse de Wang Xiji était imparable mais il ne réussit pas à réduire le clivage entre les partisans des deux systèmes en compétition. Chacun à la Calt et la Cast campait sur ses positions. En revanche, au niveau politique, la douce musique du "vieux sage" eut un tout autre écho. L'argument du porte-monnaie était un argument massue. Par ailleurs, la date de mise en service penchait largement en faveur de la capsule. Pour les dirigeants chinois, la ronde de leurs cosmonautes autour de la Terre avait trop attendu : 2000 c'était mieux que 2015 même sans vaisseau spatial ailé. Et puis, le projet de la Cast n'était finalement qu'une version chinoise du Soyouz conçue par les Russes avec qui la Chine commençait à renouer des contacts. Dans ce nouveau contexte des relations entre les anciens frères ennemis du communisme, on pouvait même imaginer que l'acquisition de technologies russes puisse accélérer la mise en œuvre du projet et garantir sa réussite.

En 1988, les ministères de l'Aéronautique et de l'Astronautique avaient fusionné. Lin Zontang, qui était à la tête de cette nouvelle entité, se rangea donc aux tenants de la capsule sur la base de l'analyse de Wang Xiji et de l'évolution des relations internationales. Peu après la réunion de Harbin, il suggéra d'adopter un projet de capsule comparable à ce qui avait été réalisé par les Américains et les Soviétiques au début de leurs programmes spatiaux habités.

En février 1989, le projet de vol spatial habité chinois gagna en crédibilité avec l'adoption d'un plan stratégique par le ministère de l'Aéronautique et de l'Astronautique et la Commission de la Science, de la technologie et de l'industrie de la Défense nationale, la fameuse Costind qui contrôlait l'appareil militaro-industriel de la Chine. Ce plan reçut l'assentiment de Tsien, le père de l'astronautique chinoise. D'autres personnalités du secteur spatial, comme Zhuang Fenggan et Sun Jiadong, se manifestèrent en faveur de la capsule. Malgré leurs interventions, les responsables politiques ne souhaitaient pas encore s'engager et les débats continuaient. Au mois d'octobre suivant, une nouvelle réunion se tint au plus haut niveau durant laquelle la Cast défendit ardemment son projet. En définitive, à la fin de 1989, un consensus se forma autour de la capsule qui était plus rapide et moins coûteuse à développer, et moins risquée à exploiter.

Cependant, l'évaluation technique et financière des deux finalistes continua entre 1990 à 1992 même si l'étude de conception détaillée de la capsule était déjà en cours. Cette analyse fut réalisée par un *think tank* et un comité spécial dénommé "Équipe du programme spatial habité" au sein du Ministère de l'Aéronautique et de l'Astronautique. Au printemps 1990, les responsables de la Costind et certaines branches de l'Académie des Sciences examinèrent tous les aspects des vols spatiaux habités pour la Chine. En définitive, une stratégie fut élaborée pour développer progressivement une capsule spatiale et une station orbitale. Le rapport final fut envoyé aux plus hautes instances dirigeantes chinoises et approuvé par le Premier ministre Li Peng.

L'avion spatial cède sa place à la capsule

Cette longue phase de discussions, d'études et de plans stratégiques s'acheva au début de 1992. Le gouvernement chinois sélectionna définitivement la proposition de la Cast qui ressemblait au vaisseau de transport russe Soyouz. Le plus ambitieux programme spatial de l'empire du Milieu démarrait le 21 septembre 1992. Il s'agissait du Projet-921.

Désormais, l'avion spatial devait attendre et mûrir de très longues années dans les bureaux d'études de l'industrie aérospatiale chinoise.

**
*

Dans le cadre du vaste Projet-863, qui visait à accélérer la modernisation de la Chine avec de

multiples programmes de R&D, un très grand nombre de projets ont été étudiés pour accéder à une station spatiale. Celle-ci constituait l'objectif principal du futur programme de vol spatial habité de la Chine dans les années 1980. Plusieurs avions spatiaux étaient en concurrence avec le vaisseau balistique non réutilisable pour transporter les cosmonautes de l'empire du Milieu. Mais des considérations économiques et un pragmatisme technique ont conduit logiquement les responsables de l'astronautique chinoise à adopter un vaisseau très conventionnel dont les fonctions étaient calquées sur le Soyouz russe. L'avion spatial devait encore attendre, mais toutes les institutions et les industriels du pays avaient abordé en détail le sujet.

CHAPITRE 4

L'avion spatial chinois, le clandestin des années 1990

Alors que les rumeurs commençaient à circuler au sujet d'une capsule habitée après le démarrage du Projet-921, la Chine usait et abusait des terminologies "avion spatial" et "navette spatiale" pour désigner l'éventuel vaisseau qui transporterait les Chinois dans l'espace. Par le passé, l'Union Soviétique avait aussi qualifié son vaisseau Soyouz de navette spatiale. Ce n'était pas un abus de langage pour décrire la fonction de liaison Terre-Orbite-Terre assurée par ce véhicule. Mais, à l'époque, cette désignation éliminait la capsule et se référait surtout à un engin ailé et réutilisable. Dans ces conditions, la capsule Shenzhou ne pouvait être apparentée à une navette. Il fallait donc être très attentif, lire entre les lignes et extraire le bon grain de l'ivraie. Bref, il fallait faire œuvre de pertinence, car le sujet était sensible. Comme l'auteur l'a démontré dans son ouvrage *Shenzhou, les Chinois dans l'espace*[15], la capsule du Projet-921 était bien camouflée dans des appellations diverses et variées. Mais il s'agissait bien d'un engin balistique et pas d'un véhicule ailé

15 - Philippe COUÉ, *Shenzhou, Les Chinois dans l'espace*, L'Esprit du Temps, Paris, septembre 2013.

comme semblait définitivement l'indiquer une dépêche de 1994[16].

Le déclin du transport spatial réutilisable non-américain

Dans les années 1990, un seul type de navette spatiale était en opération et il était américain. L'effondrement de l'URSS avait broyé les uns après les autres les programmes, les projets et toutes les initiatives qui avaient fait les beaux jours de prestigieuses sociétés ou organisations soviétiques comme les NPO Energia et Molnya ou le célèbre centre d'essai LII Gromov de Joukovski. Sur les ruines encore fumantes de l'aérospatiale soviétique, çà et là des pépites brillaient encore d'un tel éclat qu'elles gardèrent leur pouvoir d'attraction pour d'hypothétiques coopérations Est-Ouest pendant quelques années. Mais les urgences de l'après-guerre froide n'étaient pas comparables au transfert massif de technologies qui avait été organisé à la hâte à la fin de la Seconde Guerre mondiale. Les États-Unis n'avaient plus de rivaux dans la stratosphère et au-delà ; ils se contentaient de visiter les centres les plus intéressants et attribuaient parfois des contrats aux Russes pour expertiser certaines technologies. Les meilleurs scientifiques étaient même invités à présenter leurs travaux aux États-Unis. Dans ce *brain drain soft*, le Bureau européen de recherche et développement aérospatial (EOARD en anglais) associé à quelques *think tanks* ont joué un rôle important. Parfois, l'exploration des laboratoires ou des bureaux d'études russes par ces orpailleurs d'un nouveau genre aboutissait à des trouvailles intéressantes. Par exemple, on se mit à rêver de navettes mono-étages à propulsion magnétohydrodynamique (MHD) avec l'énigmatique Ajax qui luisait non loin de

16 - Andrew LAWLER, "Chinese propose building capsule to orbit astronauts", in *Space News*, Springfield, 1994, pp. 1 et 20.

l'Hermitage, à Saint-Pétersbourg. *A posteriori*, des axes technologiques avaient bien été défrichés mais on était loin d'un véhicule opérationnel malgré les promesses de ses concepteurs qui revêtaient, à l'occasion des salons, les déguisements du représentant de commerce sur leurs costumes d'ingénieurs.

La fin de la guerre froide avait aussi fait son œuvre en Europe. La situation n'était pas brillante après le foisonnement de projets dans les années 1980. L'avion spatial Hermès avait été abandonné pour des raisons essentiellement budgétaires dues à la réorientation légitime des dépenses allemandes pour assurer la réunification. Malgré quelques tentatives de l'industrie européenne pour faire voler des démonstrateurs évolués dérivés d'Hermès (X-2000 par exemple), l'effort se concentra finalement sur le développement et l'essai en vol d'une capsule très basique de type Apollo, l'Atmospheric Re-entry Demonstrator ou ARD. En ce qui concerne les systèmes de transport spatiaux réutilisables plus évolués comme le lanceur monoétage Hotol (Royaume-Uni) et les navettes biétages Sänger (Allemagne), Star-H et STS-2000 (France), des financements parfois importants avaient été attribués. Mais ces projets ne dépassèrent pas le stade de la recherche et du développement ; ils furent remplacés par de la veille technologique toujours soutenue dans cette région du monde par l'Agence spatiale européennes (Festip[17], FLPP[18], etc.) et quelques agences nationales (Cnes[19], DLR[20], etc.). Dans tous les cas, le constat restait le même depuis les années 1960 et les premières études : la réalisation des lanceurs entièrement réutilisables - mono ou biétages -

[17] - Festip : Future European Space Transportation Investigations Programme.
[18] - FLPP : Future Launchers Preparatory Programme.
[19] - Cnes : Centre National d'Etudes Spatiales.
[20] - DLR : Deutschen Zentrums für Luft und Raumfahrt.

dépassait les capacités technologiques du vieux continent et ne correspondait à aucun besoin.

En Asie, seul le Japon communiquait ouvertement sur ses projets d'avions spatiaux et de navettes réutilisables. Ses objectifs étaient calqués sur ceux des Européens. L'Hermès nippon se dénommait Hope (pour H2 Orbiting Plane) mais il avait été conçu pour être exploité sans astronaute dans le but de ravitailler la station spatiale internationale. En revanche, ce programme engendra plusieurs démonstrateurs atmosphériques (Alflex[21]) et spatiaux (Hyflex[22] et Orex[23]) qui devaient paver la route de l'avion spatial. Mais lorsque le gouvernement japonais décida de ne plus financer Hope, cette politique des démonstrateurs s'arrêta au début du XXIe siècle. Malgré tout, dans le domaine des lanceurs réutilisables, les idées ont toujours foisonné et les Japonais - comme les Européens - ont poursuivi une veille technologique active. Il faut signaler qu'en plus des engins réutilisables ailés, les ingénieurs nippons se sont intéressés aux monoétages à décollage et atterrissage verticaux (la fusée-sonde réutilisable RVT[24] et la navette touristique Kankoh Maru).

Aux États-Unis, l'impossible succession de la Navette

Aux États-Unis, l'emploi régulier des orbiteurs n'excluait pas le développement et l'essai de démonstrateurs visant à préparer un successeur beaucoup plus économique et donc encore plus réutilisable que la Navette. Au milieu des années 1980, il y a bien eu l'Orient Express de l'Administration

---

[21] - Alflex : Automatic Landing Flight Experiment.
[22] - Hyflex : Hypersonic Flight Experiment.
[23] - Orex : Orbital Re-entry Experiment.
[24] - RVT : Reusable Vehicle Testing.

Reagan décliné en National Aerospaceplane (Nasp) puis en démonstrateur X-30. Après la perte de Challenger, la motivation était très forte pour continuer à progresser dans les domaines aérospatiaux les plus avancés. Mais, à l'instar de tous les autres projets de monoétages, il semblait évident qu'il absorberait des fonds de plus en plus importants. Le Congrès décida d'arrêter les frais et le Nasp fut abandonné en 1994. Depuis 20 ans, on ne connaît toujours pas le budget exact qui a été attribué à ce programme de recherche très confidentiel, mais d'aucuns avancent qu'il fut majeur en particulier dans les domaines des matériaux et de la propulsion. D'autres spéculent sur la possibilité d'un camouflage par le Nasp d'un autre programme de véhicule hypersonique moins avouable ; bien sûr, on pense immédiatement au très mystérieux Aurora.

Dans les mois qui suivirent l'abandon du Nasp, la Nasa initia deux nouveaux programmes de démonstrateurs qui visaient encore à remplacer la Navette, mais avec des technologies moins ambitieuses que le Nasp ; il s'agissait du monoétage X-33 et du véhicule aéroporté X-34. Représentatif d'un hypothétique Venture Star, qui aurait été le nouveau couteau suisse du transport spatial américain, le X-33 ne put être développé à son terme par Lockheed Martin en raison de nombreux problèmes techniques plus au niveau de la structure que de sa propulsion *aerospike*. En revanche, Orbital Sciences Corporation (OSC) assembla trois modèles du X-34 et des vols captifs avec le B-52 comme porteur furent même réalisés. Une vingtaine de vols suborbitaux étaient prévus. Mais par manque de budget, le très prometteur X-34 fut lui aussi déclaré hors course ; pourtant, aucun obstacle technologique n'avait été identifié, y compris au niveau de l'innovant moteur Fastrac qui devait le propulser. Dans cette période de recherches et de développements intenses pour échafauder l'avenir du transport spatial américain, les années 1990 furent aussi marquées par le DC-X (ou Delta Clipper Experimental) qui fut le seul démonstrateur testé en vol successivement par la Darpa (Defense Advanced Research Projects Agency) et la Nasa. Issu des projets démesurés de la Guerre des étoiles pour mettre au point un lanceur réutilisable et très réactif, le DC-X à décollage et atterrissage vertical fit quelques pirouettes jusqu'à 3 km d'altitude avant d'être détruit à l'atterrissage. Son intérêt opérationnel pour les militaires avait disparu en même temps que les organisations qui l'avaient commandées à l'origine, c'est à dire la Strategic Defense Initiative Organisation (SDIO) et la Ballistic Missile Defense Organisation (BMDO) qui lui succéda. Le DC-X fut le dernier projet spatial visible de Mc Donnell Douglas avant que le célèbre constructeur de Saint-Louis soit absorbé par Boeing. Ensuite, les lanceurs réutilisables suivirent deux axes : l'un militaire qui devait se perdre dans le champ du secret et l'autre "commercial". Ce dernier était dynamisé par l'avènement des constellations de téléphonie mobile et d'Internet, et par une législation de 1994 qui encourageait le développement d'un transport spatial véritablement commercial. A la fin du XXe siècle, les opérateurs de télécommunications prévoyaient de mettre sur orbite plus d'un millier de satellites. Ce marché engendra plusieurs projets plus ou moins fantaisistes de navettes spatiales pour la plupart suborbitales.

De cette période créative et foisonnante, on retiendra des "curiosités aérospatiales" comme le Roton de Rotary Rocket Corporation, un dérivé improbable du DC-X, ou encore le lanceur K-1 de Kistler Aerospace dont le développement fut très avancé. Confronté aux lois du marché, l'enjeu commercial de ces navettes spatiales semblait déjà plus important que les technologies nécessaires pour les mettre au point. On avait mis la charrue avant les bœufs. Aussi, lorsque la "bulle spéculative autour d'Internet" enfla jusqu'à l'éclatement, personne ne fut surpris de voir les projets disparaître les uns après les autres. Seuls quelques ingénieurs et techniciens continuèrent de développer avec acharnement quelques prototypes suborbitaux. Ces derniers devaient finalement rejoindre la compétition X-Prize qui fut remportée en 2004 par l'équipe de Burt Rutan de Scaled Composites avec son SpaceShipOne.

Cette première tentative américaine pour développer des navettes spatiales par le secteur privé fut un fiasco complet qui démontrait, une fois de plus, que les agences fédérales - Nasa et DoD (Department of Defense) - étaient incontournables dans ce secteur tant pour leurs ressources financières que technologiques. Du reste, l'Agence spatiale américaine exploitait depuis 1981 le seul système opérationnel dans le monde. A la fin des années 1990, en marge des démonstrateurs de lanceurs réutilisables, deux autres programmes d'engins expérimentaux furent lancés : le *lifting body* X-38 et l'avion spatial X-37, un modèle réduit de la Navette. Le premier, dérivé des X-24 des années 1960, servait à mettre au point la chaloupe de sauvetage de la station spatiale internationale tandis que le deuxième était un simple démonstrateur de levé de risque. De son côté, les militaires, qui s'intéressaient aussi au X-37 dans le cadre du concept Space Military Vehicle (SMV), testèrent un modèle réduit de ce véhicule dénommé X-40A. Par ailleurs, ils continuaient à espérer l'avènement de l'aéronef hypersonique en poursuivant des recherches dans le domaine de la propulsion avancée.

L'exposition de l'avion spatial chinois, la promesse des lendemains qui chantent avec la station et la Lune

Le déclin des navettes et avions spatiaux en Europe, en Russie et au Japon a dû laisser perplexe les responsables du secteur aérospatial chinois qui avaient redouté que leur capsule soit distancée par les réalisations étrangères. Les États-Unis étaient encore maître du jeu dans ce domaine, mais avec son Projet-921, la Chine se hissait, toute proportion gardée, au niveau de la Russie en ce qui concerne le transport de ses cosmonautes dans l'espace. A la vérité, nul n'avait imaginé pareille situation en Chine. Le temps commençait peut-être à jouer en faveur de l'empire du Milieu. Le moment était venu de dévoiler très progressivement les projets auxquels certains tenaient tant. De toute manière, les autres n'y étaient plus et la place était encore chaude à côté des Américains.

Il ne fallait surtout pas s'exposer en rival mais exprimer de vagues intentions pour un futur indéterminé, dans tous les cas lointains. Pour vivre heureux, vivons cachés. C'était déjà la position officielle pour le vol habité alors pour l'avion spatial, le propos devait être feutré, voire effleuré mais pas dissimulé. La Chine devait subtilement composer entre les intentions et la science-fiction. Les frontières étaient ténues et le Parti veillait pour qu'elles ne fussent jamais franchies.

De fait, nul ne pouvait sérieusement imaginer un quelconque intérêt des Chinois pour la navette lorsqu'elle fit sa première apparition publique sous la forme d'une baudruche géante dans la première édition du salon aérospatial de Zhuhai en 1996. Elle s'imposa comme l'une des attractions principales de cet évènement et fut photographiée comme un souvenir, car il ne s'agissait pas de témoigner sur une toile gonflée qui ondulait au gré du vent. Avec ses liserés bleu-nuit, outremer et rouge et ses ornements fantaisistes, la navette de Zhuhai semblait débarquer d'un mauvais épisode d'anticipation de série B. Pour le grand public et les spécialistes, il était difficile d'y voir autre chose qu'un objet incongru au milieu des stands professionnels et des réalisations aérospatiales les plus sérieuses.

L'avion spatial présenté lors de la parade organisée pour célébrer le 50e anniversaire de la RPC. Malgré une forme aérodynamique approximative, sa présence dans un évènement aussi important semblait marquer l'intérêt de la Chine pour ce type de véhicule à la veille du XXIe siècle. ©Ph. Coué

Trois ans plus tard, l'avion spatial connut une brève consécration en étant exposé sur un char dans la parade qui célébrait à Pékin le cinquantième anniversaire de la République populaire. Nous étions en septembre 1999 à quelques semaines de la mise sur orbite du premier

Shenzhou. De chaque côté de l'immense avenue, qui traverse Pékin de part en part, les badauds pouvaient apercevoir une sorte d'avion spatial joufflu paré une nouvelle fois des plus beaux ornements. Il s'apparentait davantage à l'Hermès européen qu'à l'orbiteur américain, mais sa configuration ne respectait pas vraiment les canons de l'aérodynamique. En dépit du fait qu'il s'agissait d'une maquette peu réaliste, la présence de ce véhicule aérospatial ailé eut un certain retentissement dans cette commémoration historique. Mais il semait le trouble sur l'apparence du futur vaisseau chinois et ses missions.

Une autre maquette d'avion spatial encore plus grossièrement réalisée était suspendue au-dessus des visiteurs dans la partie spatiale du pavillon chinois à l'exposition universelle de Hanovre en 2000. Elle participait au "rêve chinois de conquête de l'espace" à coté d'un modèle de station modulaire et d'un diorama lunaire. A l'époque, cette association semblait fortuite, dans tous les cas anecdotique, car aucun de ces trois projets n'avait été mis officiellement en chantier. Mais l'exposition de Hanovre devait ancrer définitivement la prospective spatiale chinoise la plus (dé)bridée dans ce triptyque.

De l'exposition aux intentions

Les maquettes "folkloriques" des avions spatiaux chinois étaient destinées à être vues par le plus grand nombre. C'était une manière pratique de détourner l'attention sur ces artefacts grossiers. De toute manière, il y avait tant d'autres objets volants plus sérieux et identifiés ! Mais les *china watchers* ne désarmaient pas. Sur la base de vagues déclarations des responsables de l'industrie, ils avaient pourtant pris le pari d'extraire le bon grain de l'ivraie. Et ils trouvèrent.

Le projet de lanceur à décollage vertical entièrement réutilisable : "Le K-1 chinois" (1/2)

A la fin des années 1990, la "fièvre" des constellations de satellites de télécommunication pour les mobiles fit croire aux investisseurs privés que le marché était suffisant pour développer des lanceurs entièrement réutilisables et commerciaux. La plupart des initiatives étaient futuristes et avaient une crédibilité technique très faible. D'autres projets étaient seulement des opérations de défiscalisation accompagnés de belles présentations et de sites web rutilants.

Pourtant, dans ce folklore aérospatial américain, le lanceur réutilisable biétage K-1 de Kistler Aerospace défraya la chronique pendant plusieurs années et devait même aboutir à l'assemblage d'étages et d'éléments structuraux. C'est peut-être sa configuration très classique (donc rassurante) qui avait retenu l'attention de plusieurs clients potentiels comme la Nasa qui avait un moment envisagé d'utiliser le K-1 pour ravitailler la station spatiale internationale (ISS).

A la même époque, l'Institut de Pékin d'ingénierie des systèmes astronautiques s'empara du sujet pour reproduire le concept. La version chinoise du K-1 était propulsée par quatre moteurs Lox/kéro de 120 t de poussée. Ce lanceur de 35,2 m de long avec un diamètre maximum de 5 m aurait placé 2 t en orbite basse. Il aurait été réutilisable une cinquantaine de fois tandis que les moteurs pouvaient assurer dix tirs.

L'article qui avait été publié au sujet de ce lanceur, dans la revue interne de la Calt *Missiles and Space Vehicles*, présentait les stratégies de retour et les simulations qui avaient validé sa faisabilité.

Le projet de lanceur à décollage vertical entièrement réutilisable : "Le K-1 chinois" (2/2)

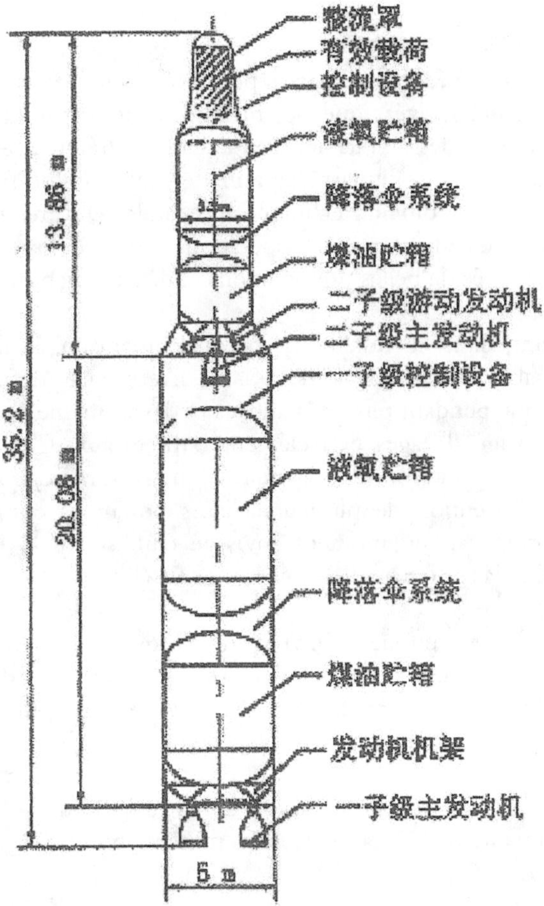

Lorsque le projet du "K-1 chinois" fut dévoilé en 2000, le web master du site *Go Taikonauts* rapportait la rumeur selon laquelle cette configuration de lanceur réutilisable était en compétition avec cinq autres projets. La sélection était prévue à la fin de l'année 2000. ©DR/Calt

A la fin des années 1990, quelques panneaux d'exposition et une plaquette montraient différents modèles photographiés pendant des essais en soufflerie. A défaut de confirmer qu'un programme de navette spatiale avait été décidé, la preuve par l'image était donnée de l'intérêt des Chinois pour le secteur aérospatial le plus avancé au croisement de l'aéronautique et de l'astronautique. La théorie glissait lentement, mais sûrement vers la pratique. Tout indiquait qu'on ne chômait pas. Assurément, les ingénieurs dégrossissaient, apprenaient, testaient et apprenaient encore. Ils parlaient aussi...

Leurs discussions étaient sans équivoque et révélaient que les réflexions étaient bien engagées. Ils admettaient rencontrer des difficultés pour définir le véhicule le plus adapté et qu'il s'agissait de projets très complexes. Mais ils étaient tous persuadés de l'utilité du transport spatial réutilisable dans l'avenir ; il viendrait bien après les capsules du Projet-921. Les généralités sur l'avion spatial ou la navette précédaient toujours des questions plus ciblées qui révélaient surtout le domaine d'expertise des interlocuteurs sur ce sujet très pointu.

Au tournant du siècle, des concepts de transporteurs spatiaux plus ou moins réutilisables étaient timidement présentés dans les congrès. Mais ils étaient trop futuristes pour que l'on puisse y accorder un quelconque intérêt en dehors de la simple curiosité. S'ils ressemblaient à certains projets étrangers (comme le "K1 chinois"[25]), ils étaient néanmoins éloignés des possibilités chinoises dans ce domaine qui se cantonnaient aux lanceurs classiques. On commençait seulement à évoquer le lanceur lourd CZ-5, une sorte d'Ariane-5 chinoise.

---

25 - Guo Linli, Liu Zhusheng, Zhu Yonggui, Yu Mongleng et Tang Yiha, "Concept research of two stage to orbit and fully reusable launch vehicle", in *Missiles and space vehicles n°6*, Pékin, juin 1999.

En revanche, il était certain que plusieurs universités et centres de recherche chinois consacraient des heures d'études au niveau théorique et réalisaient les essais en soufflerie de plusieurs configurations. Des ingénieurs de très hauts niveaux et des doctorants exploraient toutes les facettes du problème en agrégeant toujours plus de connaissances.

Ces ingénieurs et ces scientifiques étaient chaque année plus nombreux !...

Au début du XXIe siècle, tous les regards étant tournés vers les vols de Shenzhou, qu'ils soient automatiques ou habités, personne ne s'intéressait vraiment à l'évolution du transport spatial en Chine, du moins jusqu'en 2006.

La feuille de route de 2006

C'est à Valence, en octobre 2006, que la navette fut mise au devant de la scène par les Chinois. La cité espagnole accueillait alors le 57e congrès mondial de l'astronautique qui regroupait plusieurs symposiums dont celui consacré aux véhicules réutilisables. C'est dans la chaleur moite du Palais des congrès que les représentants de la Calt Yong Yang, Defeng Hu et Menglun Yu allaient retenir l'attention d'un auditoire qui se "perdait" dans les énièmes itérations de projets plus ou moins réalistes et folkloriques. Ils présentèrent ce jour-là rien moins que la feuille de route pour réaliser à long terme un système de lancement réutilisable monoétage à décollage et atterrissage horizontaux. Pour atteindre cet objectif très ambitieux, ils préconisaient trois phases de développement :

- une première génération avec un lanceur partiellement réutilisable ;
- une seconde étape avec un lanceur biétage entièrement réutilisable ;
- une troisième génération avec le lanceur monoétage.

Les ingénieurs chinois présents à Valence se contentèrent d’effleurer les deux dernières phases en les réduisant à de la simple prospective. En revanche, ce n’était pas le cas des projets de lanceurs partiellement réutilisables qui semblaient appartenir au quotidien de ces ingénieurs. Dans cette première phase, il était tentant d'y voir la suite des projets étudiés dans les années 1980 : Tian Jiao-1 et Chang Chen-1. Mais cette fois ci, le lanceur était bien identifié, il s'agissait du premier étage du CZ-5 et ses boosters.

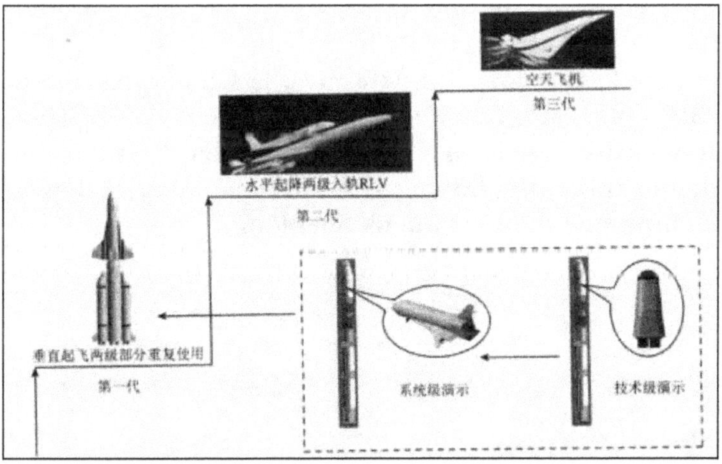

Cette planche illustre les trois étapes du développement des navettes et lanceurs réutilisables chinois. En médaillon, les deux types de démonstrateurs technologiques envisagés : un avion spatial et un corps de rentrée émoussé (*slender body*). ©DR

**
*

Dans les années 1990, seuls les États-Unis demeuraient très actifs dans le secteur du transport spatial réutilisable avec l'exploitation de la navette spatiale et le développement de démonstrateurs. Cette politique d'engins expérimentaux avait été suivie à un moindre niveau par l'Europe et le Japon, tandis que la Russie avait presque disparu du domaine après le vol unique de Bourane. C'est dans ce contexte que la Chine renoua timidement avec les lanceurs et les navettes réutilisables alors que tous les observateurs se passionnaient pour les vols spatiaux habités chinois réalisés avec des capsules balistiques consommables. Ils ne pouvaient être blâmés, car au tournant du siècle, il n'y avait encore que de faibles indices au sujet de la navette chinoise. Mais ils ne cessaient de se multiplier au cours du temps. En définitive, la Chine présenta en 2006 un programme cohérent pour développer progressivement un transport spatial réutilisable. Depuis, plusieurs affaires d'avions spatiaux ont défrayé la chronique dont le fameux Shenlong.

CHAPITRE 5

L'affaire Shenlong

Beaucoup d'observateurs estimaient que la première sortie extravéhiculaire d'un taïkonaute dominerait l'actualité spatiale chinoise en 2007. Mais on devait apprendre par la suite que des problèmes techniques allaient décaler l'opération d'une année. Aussi, contre toute attente, c'est l'Armée Populaire qui retint l'attention du monde entier en détruisant de manière expérimentale l'un de ses satellites. Les grandes puissances étaient médusées et admettaient qu'un seuil avait été franchi avec le premier essai réussi d'un Asat chinois. En revanche, un évènement presque aussi important passa inaperçu à la fin de cette même année 2007. Même si elle était moins percutante et visible, l'information serait lourde de sens si elle était avérée.

L'affaire débuta le 11 décembre avec la publication sur Internet d'une photographie postée par des blogueurs anonymes d'un site militariste chinois[26]. Elle montrait un petit véhicule ailé fixé à l'intrados du bombardier Hongzhaji-6K (aussi dénommé H-6K et immatriculé 40672) issu d'une unité non répertoriée. L'engin présentait des similitudes avec certains démonstrateurs d'avions spatiaux étrangers (le X-34

---

26 - Richard D. FISHER, "And races into space", in *The Wall Street Journal Asia*, 3/01/08.

américain, l'Alflex japonais, etc.). A l'approche de Noël 2007, plusieurs sites Internet chinois apportèrent de nouveaux détails. Ils furent immédiatement repérés par les *china watchers* dans le monde comme ceux du Centre d'évaluation et de stratégie internationale. Ce *think tank* américain fit une première analyse et relaya le sujet en Occident. Néanmoins la proximité de cette organisation avec l'institution militaire américaine imposait que cette nouvelle affaire fusse traitée avec la plus grande précaution. En effet, dans le passé, le Pentagone a usé et abusé d'informations parfois sensationnelles pour tenter de s'octroyer davantage de budgets ou pour déclencher des opérations militaires ; l'affaire irakienne a malheureusement dépassé la caricature avec les résultats que l'on sait. Or, pour ces analystes et militaires de Washington, l'avion spatial, même en modèle réduit, est paré de tous les attributs pouvant le transformer en menace idéale s'il n'est pas américain.

L'avion spatial Shenlong fixé à l'intrados du bombardier H-6K. Cette photographie historique, diffusée sur Internet le 11 décembre 2007, témoignait, pour la première fois, de l'intérêt manifeste de la Chine pour les avions spatiaux. ©DR

Ainsi, on devait explorer cette photographie unique dans tous les détails pour déterminer si elle était l'œuvre d'un faussaire ou si elle révélait un engin qui n'avait pas encore été répertorié dans l'arsenal chinois. Bref, il fallait se munir d'une bonne loupe et éventuellement d'un logiciel de traitement d'images pour extraire les bons pixels. Mais une fois de plus, la preuve par l'image était-elle une preuve ?

Un petit véhicule ailé transporté par le bombardier H-6K

En premier lieu, cet avion arborait sur le flanc blanc de son fuselage un drapeau chinois et deux idéogrammes noirs signifiant Shenlong en mandarin, c'est-à-dire "Dragon Divin". C'était une indication intéressante, car l'un des idéogrammes - "Shen" - est systématiquement associé aux dénominations des programmes technologiques prioritaires comme par exemple : Shenzhou (vaisseau spatial habité), Shenwei (super-ordinateur), Shenguang (laser de puissance), etc. De ce fait, si la photographie était l'œuvre d'un faussaire, ce dernier était bien renseigné sur les pratiques utilisées par les institutions chinoises pour désigner les projets en fonction de leur rang. Mais, à ce stade de l'investigation, rien ne permettait de distinguer le vrai du faux.

Il convenait de s'intéresser à l'avion lui même. Ses dimensions pouvaient facilement être devinées à partir des caractéristiques connues du porteur H-6K. Ainsi, on pouvait estimer la longueur de Shenlong à 8,5 m, la hauteur du fuselage fuselé à 1,5 m et l'envergure à environ 4,5 m. Par ailleurs, l'unique dérive de l'appareil semblait enchâssée dans le fuselage du bombardier. A partir de ces éléments et d'une configuration aérodynamique de type "navette spatiale en modèle réduit", cet avion semblait avoir été conçu pour le vol hypersonique (entre Mach 9 et Mach 12 ?). La photographie montrait aussi des parties noires (ou sombres) à l'avant de l'appareil, sur le nez, à l'intrados et sur les bords d'attaque des ailes qui pouvaient être assimilées à des plaques ou des tuiles réfractaires destinées à protéger l'engin des contraintes thermiques pendant la rentrée dans l'atmosphère. Là encore, l'emploi de ces matériaux exotiques confirmait que ce véhicule serait utilisé dans une gamme de vitesses hypersoniques.

Sur ce plan rapproché de la photographie précédente, la forme fuselée de Shenlong était bien visible et la dérive semblait dissimulée dans l'intrados du porteur. Plusieurs excroissances et sondes Pitot présentes sur le nez de l'appareil tendaient à démontrer qu'il s'agissait d'un modèle de vol. ©DR

En réalité, tout convergeait vers un avion transatmosphérique ou suborbital très véloce. Assurément, le véhicule photographié était cohérent sur le plan technique (configuration, aspect, ...) et paraissait de moins en moins avoir été improvisé par un graphiste doué. De même, il était difficile de qualifier cet engin de maquette, car il contenait de nombreux détails qui le rapprochaient d'un modèle de vol.

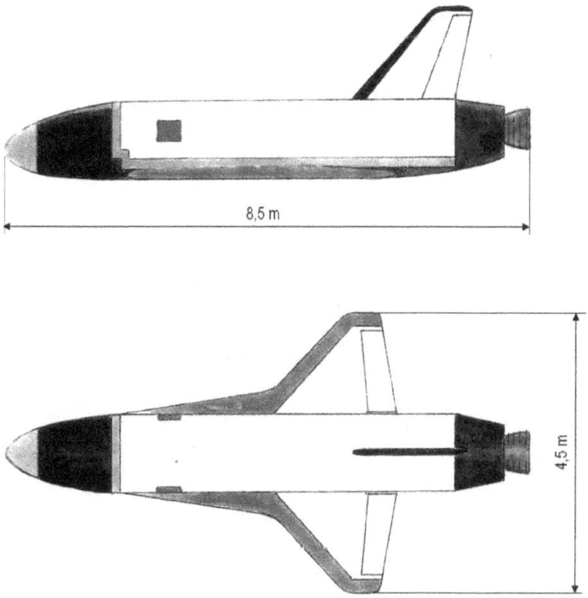

Principales dimensions de Shenlong. ©Ph. Coué

On peut citer, par exemple, la présence de sondes Pitot sur le nez de l'appareil qui servent à mesurer la vitesse. Il y avait aussi cet agencement très particulier des protections thermiques de couleurs différentes indiquant l'utilisation de plusieurs types de matériaux en fonction très probablement des contraintes de chaleur et de pression. La présence de ces protections thermiques sur les parties les plus exposées de l'appareil démontraient sans conteste que ses concepteurs souhaitaient le récupérer intact. Mais pouvait-on envisager pour autant sa réutilisation ? Un détail avait retenu l'attention des spécialistes : l'absence apparente de *bodyflap* à l'arrière qui aurait pu protéger la tuyère pendant la rentrée atmosphérique. Cela entraînait logiquement la perte complète du moteur. Nonobstant l'utilisation d'un moteur à poudre consommable, il était facile de conclure que Shenlong n'était pas récupérable dans le cas d'un vol exoatmosphérique ; il semblait dans sa conception avoir les attributs d'un démonstrateur. Et même d'un véhicule expérimental atmosphérique pour ce modèle. Il aurait permis aux Chinois de tester cette configuration en vol avec des vitesses plus ou moins importantes et d'en démontrer la pilotabilité jusqu'au toucher sur piste.

Un banc d'essai volant pour les futurs avions spatiaux chinois

En fait, la photographie du 11 décembre 2007 et ses détails très précis nous renvoyaient à la feuille de route présentée par les ingénieurs de la Calt l'année précédente. Une figure montrait un véhicule très semblable au Shenlong dans la partie réservée aux démonstrateurs. Les représentants de la Calt avaient rappelé l'intérêt de ce type de véhicule pour démontrer et valider les technologies clés, les opérations et l'architecture système pendant les essais au sol et en vol.

Deux types d'essais en vol étaient officiellement envisagés dans le document de 2006 :

- **Essai atmosphérique subsonique** - Le démonstrateur est largué à quatre kilomètres d'altitude par un aéronef conventionnel. Ce vol doit valider des algorithmes de GNC (Guidance, Navigation and Control) pour l'approche finale et le toucher sur piste.
- **Essai haute altitude hypersonique** - Le démonstrateur effectue un vol hyper véloce suborbital pour valider des algorithmes de GNC, le système de

protection thermique et pour obtenir des données aérothermodynamiques.

Avec ce type d'expérimentations aérospatiales, Shenlong (et/ou ses dérivés) pourrait faire progresser les technologies pour créer des véhicules réutilisables efficients. A l'instar des autres puissances spatiales impliquées dans les projets de lanceurs et de véhicules spatiaux réutilisables, la Chine a sélectionné cinq axes de recherche :

- **Système de propulsion** - Cette technologie clé du transport spatial utiliserait les moteurs des lanceurs Longue Marche avec des couples d'ergols Lox/LH2 et/ou Lox/kéro.
- **Aérothermodynamique -** Ce domaine est capital pour créer la forme du véhicule qui sera la plus adaptée à la mission souhaitée en tenant compte des contraintes particulières de la rentrée atmosphérique.
- **Protection thermique** - Les vols de la Navette spatiale américaine ont démontré l'importance des protections thermiques pour conserver l'intégrité du véhicule pendant la rentrée atmosphérique et pour permettre qu'il soit réutilisé.
- **Structure** - La conception de structures avancées est très critique pour les véhicules aérospatiaux réutilisables. La Chine doit développer de nouveaux matériaux légers mais très résistants pour la réutilisation et la maintenance.
- **Avionique et GNC** - Ce sont des technologies essentielles pour piloter le véhicule pendant la rentrée atmosphérique depuis le vol hypersonique jusqu'au toucher sur piste.

Les images qui révèlent le largage de Shenlong par le bombardier H-6K

Le logiciel de conception assisté par ordinateur Catia, conçu et commercialisé par la société Dassault Systèmes, est devenu un standard dans le monde au même titre que Windows de la société américaine Microsoft pour la bureautique. Pour cette raison, il ne faut pas s'étonner qu'il soit aussi diffusé en Chine dans les bureaux d'études aérospatiaux les plus avancés. Les images Catia montrant le largage de Shenlong, avec probablement la distribution des pressions aérodynamiques autour des deux engins, ont été diffusées sur China Central TV 7, une chaîne du réseau national spécialisée dans la diffusion d'actualités et de reportages militaires. Celui de Shenlong s'intitulait : "Un projet aéronautique majeur, le démonstrateur transatmosphérique Dragon Divin". Les images de ce type sont rares et font l'objet de toutes les spéculations.

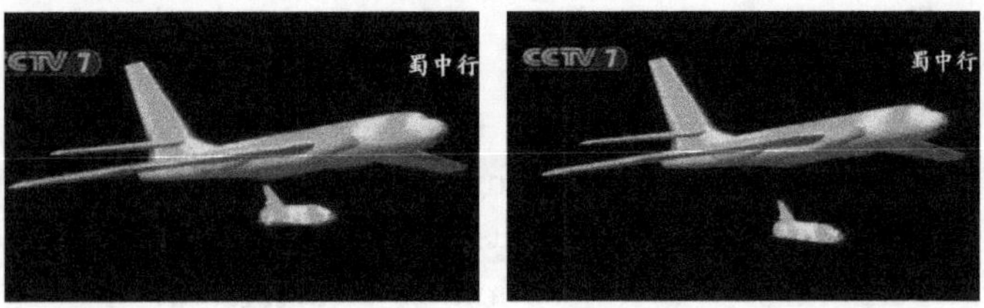

Séquences Catia du largage de Shenlong par le bombardier H-6K. ©DR (via CCTV7)

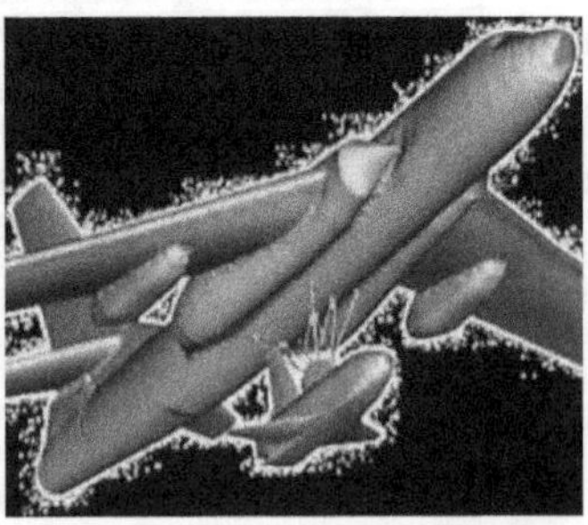

Autre image difficile à interpréter en raison de la fixation supposée de Shenlong par des câbles au porteur H-6K. Câbles d'éloignement du porteur pour éviter la collision entre les deux objets ? ©DR

Plusieurs sources non officielles chinoises affirment que la conception de Shenlong fut réalisée entre 2000 et 2004. D'autres sources font démarrer le programme en 2001 au début du 10e Plan quinquennal. On évoque l'implication de l'Institut 611 (celui de l'Hermès chinois) pour la conception et les essais du démonstrateur. Quelques photographies montrent aussi un centre de contrôle créé par ce centre de recherche affilié au constructeur aéronautique Chengdu Aircraft Corporation. Il serait utilisé pour suivre les vols d'essai. La conception de Shenlong concernerait aussi l'Université de Nanjing d'aéronautique et d'astronautique pour l'informatique embarquée et les systèmes de contrôle pendant la rentrée. Pour ce faire, cet établissement d'enseignement supérieur utiliserait massivement le logiciel de CAD[27] Catia. La chaîne de TV nationale consacrée à l'armée (CCTV 7) diffusa quelques images de cette animation numérique montrant le largage de Shenlong par son porteur (cf. encadré)[28]. De même, l'Université polytechnique du Nord-Ouest, bien connue pour ses travaux dans le domaine hypersonique, serait impliquée dans le système de contrôle GPS[29] et la structure en matériaux composites de Shenlong.

Bref, tout indique que Shenlong aurait été confié au secteur aéronautique chinois et ses établissements de recherche spécialisés dans le vol hypersonique. Par ailleurs, en raison de l'évolution exoatmosphérique de Shenlong et son caractère très confidentiel, donc militaire, on ne peut exclure le pilotage du programme par la Casic (China Aerospace Science and Industry Corporation), le consortium industriel plutôt militaire du secteur spatial chinois.

---

27 - CAD : Computer-aide Design.

28 - http://www.airforceworld.com/pla/shen_long.htm

29 - GPS : Global Positioning System.

Premiers vols propulsés de Shenlong en 2010

Comme cela a été mentionné au début du chapitre, la diffusion de l'énigmatique photographie de Shenlong en 2007 permettait d'envisager à cette époque la réalisation de vols captifs. L'avion spatial restait fixé à son porteur pour vérifier son comportement aérodynamique dans cette configuration. Cette phase aurait logiquement été suivie par des vols planés destinés à évaluer le comportement en vol du véhicule et le système de pilotage automatique jusqu'à l'atterrissage. C'est à la suite de ce programme d'essais, de tâtonnements, de vérifications en tout genre et des modifications adéquates que le premier vol propulsé pouvait être tenté. Ainsi, selon les canons de la communication en vigueur en Chine, deux solutions s'offraient aux *china watchers.* Cette histoire pouvait être fausse et le pouvoir sanctionnait ces informations qui brouillaient la réalité ou il s'agissait d'un programme véritablement stratégique qu'il convenait de dissimuler. Assurément, il fallait donc attendre la réalisation de vols propulsés pour connaître la suite de l'histoire.

Entre-temps, d'autres détails s'ajoutèrent aux précédents, mais le pouvoir niait toujours l'existence de cet avion spatial. Cependant, à l'heure d'internet et de "l'immédiateté mondiale", les fuites étaient inévitables.

Tir inaugural probable en avril 2010 - L'affaire Shenlong refit surface en avril 2010. Peu après le lancement du démonstrateur américain X-37B, *China Aviation News* diffusa un article intitulé *Le vol inaugural d'un chasseur spatial chinois a réussi, en surpassant plusieurs problèmes techniques.* Aucune date ne fut précisée pour cet essai. L'article rapportait surtout les propos de Wang Chun[30], un ingénieur de l'Institut de conception d'aéronef de Chengdu qui avait dirigé le laboratoire de recherche des véhicules du proche-espace[31]. Il était le responsable d'une équipe de jeunes ingénieurs qui aurait achevé la réalisation du démonstrateur en quatre ans, en partie dans le 11e plan quinquennal[32]. L'appareil expérimental sur lequel ils ont travaillé se distinguerait par sa flexibilité d'emploi. Aussi, selon Wang Chun, plusieurs progrès significatifs auraient été réalisés dans le cadre de ce programme dans les domaines de la structure et des antennes fonctionnant en conditions extrêmes. Enfin, il affirmait à cette époque que le prototype testé était à vocation militaire. Cela expliquerait donc pourquoi on voit si peu Shenlong. En Chine, les révélations de Wang Chun dans *China Aviation News* s'étaient répandues comme une traînée de poudre dans la blogosphère des anonymes passionnés et sur des sites web plus connus (*Xinhua, Sohu, tiexue.net*, ...). L'information au sujet d'un démonstrateur d'avion spatial chinois semblait exceptionnelle. Mais la réjouissance médiatique fut de très courte durée. La diffusion de l'article fut brutalement interrompue. L'éditeur en chef Xu Zelong expliqua que les informations diffusées au sujet d'un prototype hypersonique étaient inexactes : « Certains médias ont mal interprété le récit initial et les autres ont répandu la

30 - Wang Chun est né en 1970. Il a étudié à l'Institut aéronautique de Nanjing. Ensuite, il a été diplômé en ingénierie spatiale de l'Université de technologie de défense en 2006. A l'Institut de conception d'aéronef, c'est un ingénieur de haut niveau. Il a participé aux programmes de développement d'aéronefs militaires J-10 et FC-1 avant de rejoindre celui de l'avion spatial dont il a supervisé la conception, l'assemblage et les essais en vol.

31 - Selon un expert de l'Armée de l'Air chinoise, le proche-espace - ou *Near Space* en anglais - se réfère à une zone située entre 20 et 100 km d'altitude. D'autres centres de recherche dédiés au Near Space ont été créés au sein de la Casic et de la Casc (China Aerospace Science and Technology Corporation).

32 - Jonathan WENG, "China says its spaceplane has realized successful trial flight", in *China Military News website*, 29/04/10.

rumeur. Nous n'avons jamais dit que la Chine a lancé un chasseur spatial. » C'était la fin de la "recréation", l'heure du recadrage avait sonné pour les responsables du programme un peu trop bavards. Mais il fallait se rendre à l'évidence : le chasseur spatial était nié, mais pas l'avion spatial.

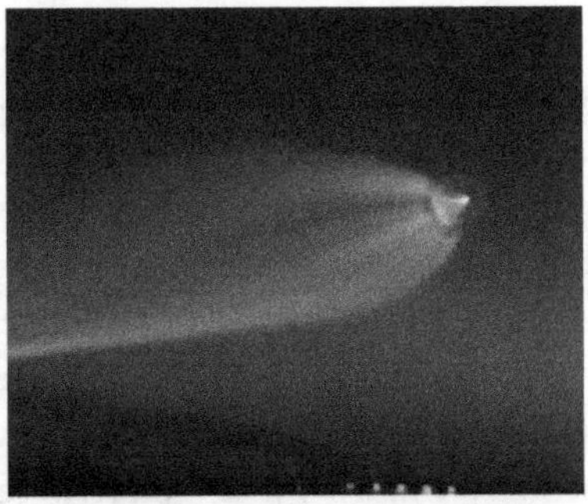

Ovni ou Shenlong ? Ces deux photographies prises par des amateurs au cours de l'été 2010 ont été associées à des essais suborbitaux de Shenlong. Pour les spécialistes, ces traînées évoquent ostensiblement la rentrée dans l'atmosphère d'un véhicule aérospatial à très grande vitesse. Dans tous les cas, elles ne peuvent être assimilées à la rentrée destructive d'un satellite. En général, celle-ci comporte plusieurs points lumineux très distincts avec une intensité qui varie en fonction de la désintégration de l'objet. ©DR

Les vols groupés de l'été 2010 - Le 7 juillet 2010, plusieurs témoins aperçurent un phénomène aérien pouvant s'apparenter à la rentrée contrôlée d'un véhicule spatial au-dessus de Hangzhou, la capitale de la province du Zhejiang. A cause de cet évènement, l'aéroport de Xiaoshan dut interrompre ses activités pendant une heure. La plupart des observateurs associèrent cet "Ovni" (Objet Volant Non Identifié) à l'essai suborbital de Shenlong. Une nouvelle fois, le 15 ou le 16 juillet 2010, plusieurs témoins de la province du Zheijiang virent le phénomène aérien de la semaine précédente se reproduire vers 21 heures à la tombée de la nuit. Le spectacle était féérique et a pu être filmé (les images sont disponibles sur *You Tube*). Les médias chinois ne firent pas état de la fermeture d'aéroports mais du déroutement des vols d'une douzaine d'aéronefs. Interrogés sur cette apparition céleste mystérieuse, les officiels reconnaissaient qu'ils avaient été prévenus et qu'ils devaient se taire sur la nature exacte de ce projet militaire. Une nouvelle fois, on attribua cet essai à Shenlong mais sans aucune confirmation officielle. Par ailleurs, la très courte période entre ces deux premiers essais de l'été 2010 pourrait démontrer la volonté des Chinois d'expérimenter le lancement réactif et la réutilisation de cet avion spatial ailé.

Deux vols suborbitaux en 2011 ?

En 2011, les rumeurs au sujet de Shenlong reprirent vigueur à l'occasion de deux essais en vol présumés à très grandes vitesses et très hautes altitudes.

Janvier 2011 - En janvier 2011, deux nouveaux sites Internet de Hong Kong - *Ming Pao Daily*[33] et *Zongguo Pinglun* - diffusèrent des articles intitulés *La Chine a réussi l'essai en vol d'un engin spatial en parallèle du X-37B américain*. Selon les auteurs, le véhicule testé à cette occasion était un démonstrateur de "chasseur exo-atmosphérique" ou "d'avion spatial". De même, pour appuyer son propos, le *Ming Pao Daily* révéla aussi une information très intéressante diffusée le 7 janvier 2011 (ou le 8 janvier selon les sources) par la télé du Shaanxi. Ce jour-là, le journal télévisé évoqua la visite du gouverneur de cette province Zhao Zengyong au parc industriel de haute technologie de Xi'an. Il avait déclaré à la caméra : « La Chine a réussi l'essai en vol d'un prototype d'aéronef automatique qui peut voler au-delà de la couche

33 - Anon., "Domestically-produced space fighter plane revealed for the first time", in *Ming Pao Daily*, Hong Kong, 11/01/11.

atmosphérique. »[34] Dans le même reportage, on le vit aussi s'enquérir au sujet d'éléments (structures, tuyères, ...) provenant, selon le commentateur, d'un avion spatial et féliciter les ingénieurs qui les auraient conçus comme, par exemple, Zhang Litong.

Shenlong se dévoile davantage (1/2)

Le reportage de la télévision du Shaanxi était le troisième épisode concernant la divulgation de ce projet d'avion spatial par la Chine. Il suivait la diffusion de l'image de Shenlong fixé au H-6K et celles de la simulation de son largage.

Cette fois-ci, les plans du cameraman montraient un stand de l'exposition du Parc industriel de haute technologie de Xi'an avec un panneau évoquant Shenlong dans un atelier et plusieurs éléments structuraux comme le nez et les bords d'attaque des ailes probablement en alliages spéciaux, car il s'agit d'une partie très sollicitée pendant la rentrée atmosphérique. On voyait aussi Zhao Zengyong écouter avec attention les explications de Zhang Litong sur ce qui semblait être le nez de l'appareil et des éléments de protection thermique.

Le professeur Zhang Litong (à gauche) et un ingénieur montrent un élément de structure (Shenlong ?) au gouverneur de la province du Shaanxi. ©DR

34 - Nigel HORNE, "China ratchets up military tension ahead of Hu visit", in *The First Post website*, 16/01/11.

Shenlong se dévoile davantage (2/2)

Cette photographie, extraite du reportage TV de janvier 2011, montrait un aéronef qui ressemblait sans aucun doute à Shenlong. Cette fois-ci, la forme de la voilure en double delta et la dérive sont bien visibles. ©DR

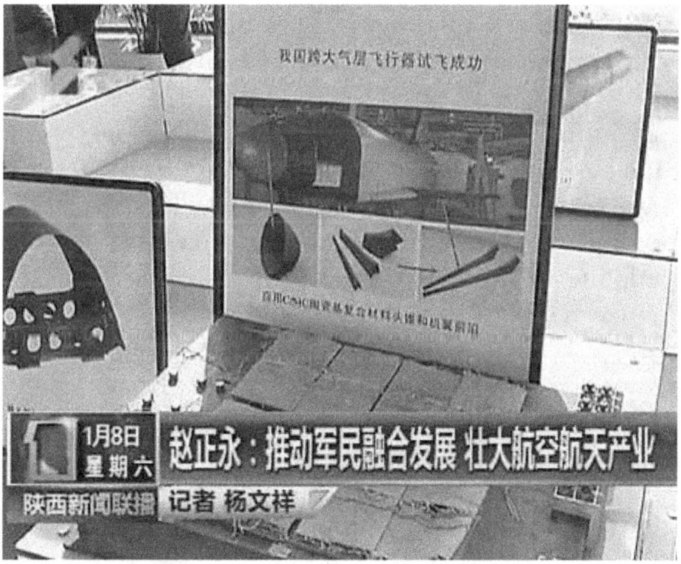

Stand de l'exposition de janvier 2011 à Xi'an avec un poster montrant l'avion spatial Shenlong et des éléments structuraux CSic. ©DR

Cette éminente scientifique, membre de la prestigieuse Académie d'ingénierie, est spécialisée dans les matériaux exotiques pour les engins aérospatiaux avancés (aéronef rapide, navette spatiale, etc.). Elle fut félicitée pour ses travaux sur de nouveaux alliages. Il est intéressant de noter que Zhang enseigne aussi à l'Université polytechnique du Nord-Ouest qui est, comme nous l'avons déjà souligné, très impliquée dans les travaux sur les avions spatiaux et les engins hypersoniques. A la vérité, ce reportage était tout à fait exceptionnel, car il montrait aussi un stand avec un poster de l'avion spatial Shenlong qui était intitulé *La Chine a réussi l'essai en vol d'un véhicule transatmosphérique.* En outre, le commentateur ajouta que le démonstrateur avait effectué une excursion au-dessus de l'atmosphère avant de plonger vers la Terre à Mach 15 !... Plus tard, un autre site web chinois affirma que Shenlong avait été lancé par une fusée Longue Marche (CZ) ce qui impliquait à nouveau un essai à très haute altitude et très grande vitesse.

24 juillet 2011 - Le dernier essai de Shenlong pourrait bien avoir été réalisé au cours de l'été 2011. Des blogueurs chinois signalèrent le lancement le 24 juillet à 16 h UTC (Coordinated Universal Time ou Temps Universel Coordonné) d'un démonstrateur par une fusée CZ-2C. Il aurait été récupéré après avoir réalisé un vol suborbital. Le succès de l'opération fut ostensiblement salué par le Parti communiste chinois indiquant, de ce fait, l'importance de cette opération et peut-être l'achèvement de cette campagne d'essais.

Toutes ces annonces et informations, diffusées en 2011, donnaient plus d'épaisseur à Shenlong ; elles étaient apparues au moment où la Chine diffusait les premières images du J-20 en vol. Ce prototype de chasseur furtif (considéré aussi comme un aéronef de cinquième génération) était l'objet de toutes les spéculations depuis des mois. Sa révélation au grand jour étonna toute la communauté aéronautique... et certainement l'Administration américaine. Elle éclipsa une nouvelle fois l'affaire Shenlong. En effet, le lever de rideau sur le J-20 intervint lors de la visite à Pékin de Robert Gates. Le président Chinois Hu Jintao s'enquit en personne de l'émotion et des interrogations suscitées par cette révélation du J-20 en affirmant que la coïncidence de cet évènement avec la présence du Secrétaire d'Etat à la Défense américain était fortuite. Le J-20 se dévoila davantage aux spotters et aux analystes dans les mois et les années qui suivirent. En revanche, une fois de plus, l'affaire Shenlong fut "évincée" du web et on s'employa à Pékin à disqualifier une nouvelle fois la dénomination de "chasseur spatial".

Pourtant, c'est toujours de lui dont il s'agissait quand l'effort chinois était comparé à l'avion spatial militaire américain X-37B.

Un avion spatial militaire chinois concurrent du X-37B ?

A priori, la configuration de Shenlong semble très proche du démonstrateur ailé présenté dans la feuille de route de 2006. Cependant, depuis l'apparition de cet avion spatial sur les blogs chinois, de nombreux *china watchers* se sont empressés de voir un concurrent au X-37B américain. Développé initialement par la Nasa, ce démonstrateur a connu des destins divers. Pour des raisons budgétaires, il fut transféré à l'Agence américaine de recherche de la Défense, la fameuse Darpa, avant d'être finalement confié à l'Armée de l'Air américaine (USAF).

Shenlong 2.0, un "X-37B chinois" ?

A la fin de l'année 2013, des blogs chinois ont commencé à répandre sur Internet des vues singulières montrant un avion spatial dont la configuration était très proche du X-37B américain. Ce qui pourrait bien devenir la seconde affaire Shenlong débuta avec la diffusion d'un plan trois vues de l'appareil. Par rapport au véhicule américain, les proportions semblaient identiques et la position de ses ailes et de ses ailerons en "V" renforçaient ce mimétisme. Cependant, deux carénages ou capots protecteurs étaient associés à des moteurs, l'ensemble étant fixé sur la partie arrière de l'extrados un peu comme sur la Navette américaine et ses "oreilles de Mickey". A la vérité, cette image donnait du sens à la vue extraite d'un film, diffusé quelques mois plus tôt, sur les 50 ans de la Calt ; une séquence montrait trois images du X-37B sur l'écran d'un bureau d'études de la célèbre Académie. Au début de 2014, trois vues d'artistes assez bien détaillées furent présentées. L'une d'elles montrait cette version de Shenlong au sol à proximité d'un véhicule qui révélait, en plus des proportions identiques au X-37B, des dimensions très proches. Enfin, en 2016, certains blogueurs associaient cette configuration à un autre projet dénommé Aotian.

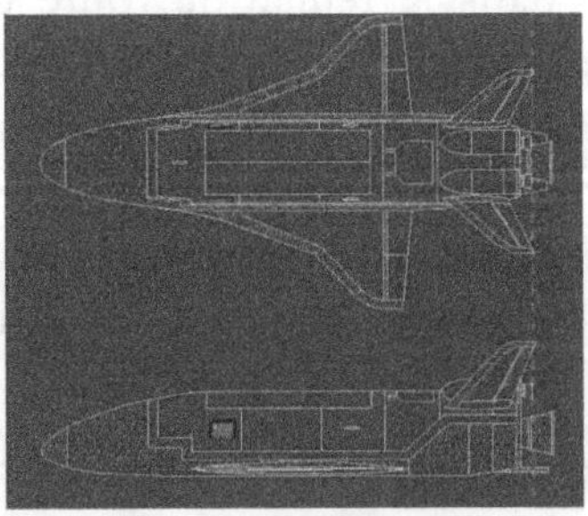

Shenlong a souvent été comparé, à tort ou à raison, à l'avion spatial américain X-37B. Les *china watchers* estimaient que cet intérêt avait dû aboutir à des reconstitutions. On en a ici la preuve avec ces vues de face et de dessus d'un véhicule très proche du X-37B de l'USAF. A la portée de n'importe quel graphiste, on ne peut exclure que ces images proviennent directement des industriels chinois. ©DR

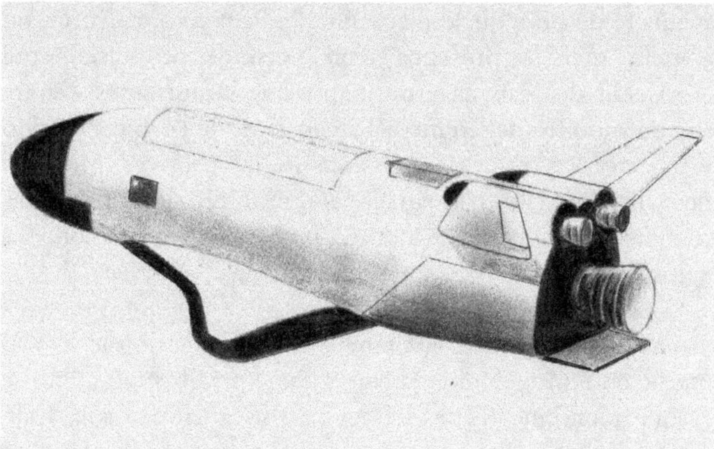

Cette image donne une idée assez précise d'un Shenlong 2.0. Par ailleurs, en observant de près la partie arrière, on constate une certaine similitude avec la forme aérodynamique de Shenlong. Extrapolation d'un graphiste inspiré ou première vue d'artiste officielle d'un avion spatial chinois ? ©Ph. Coué

Ce véritable drone spatial, conçu et réalisé par Boeing, emprunte beaucoup à l'ancien orbiteur de la Nasa. Mais il s'agit d'un modèle si réduit qu'il aurait pu être embarqué dans la soute de son aîné. Le X-37B est aussi doté d'un vaste coffre qui pourrait embarquer des petits satellites. Mais au moment où nous rédigions ces lignes, nul ne pouvait encore décrire la mission exacte du quatrième vol orbital du petit avion spatial militaire américain qui était en cours. De ce fait, la confidentialité totale autour de cet objet est à l'origine de très nombreuses spéculations quant à son utilisation. D'aucuns estiment qu'il s'agit d'une plateforme technologique de levée de risques pour le développement d'un hypothétique successeur. Pour les autres, le X-37B pourrait avoir un usage plus opérationnel et plus ambitieux en transportant dans sa soute des équipements expérimentaux ou des petits satellites militaires avec l'avantage de pouvoir les "ausculter" à leur retour. Enfin, on ne peut nier la présence d'un puissant propulseur qui autoriserait des capacités de manœuvre importantes - voire celle de modifier légèrement l'inclinaison de l'orbite (torsion de trajectoire) - pour des missions moins passives. Même si une telle capacité n'a jamais été montrée lors des trois premiers vols, on pense immédiatement à l'inspection des engins spatiaux ou à des interventions plus "musclées".

De toute évidence, la Chine suit avec attention le X-37B comme en témoignent les images d'une proposition chinoise presque identique (l'encadré) et parfois attribuée à la Calt, l'Académie des lanceurs. Pour autant, aucune déclaration officielle ne positionne Shenlong en concurrence avec un système étranger équivalent comme c'est le cas pour les vols spatiaux habités ou l'exploration de la Lune. Pour ces trois programmes stratégiques, c'est la volonté d'indépendance et toujours ce sacro-saint rattrapage technologique qui est mis en avant par les autorités.

Pourquoi pas.

Mais il faut tout de même garder à l'esprit que le véhicule aérospatial Shenlong a été développé dans une grande confidentialité en dehors de quelques photographies ou de déclarations qui sont la base de notre analyse. Alors pourquoi cherche-t-on à nous dissimuler Shenlong ? Quels secrets de fabrication recèle-t-il et quelles sont les véritables motivations de ses concepteurs ?

Dans tous les cas, l'engin, dont la première photographie a été diffusée en 2007, semblait seulement dimensionné pour les vols suborbitaux et ne pouvait être un avion orbital opérationnel. La logique conduit à imaginer qu'il puisse transporter un minimum de charge utile. Dans ces conditions, ce Shenlong pourrait effectivement ressembler au X-37B américain. Quant à sa forme exacte, les dernières révélations tendraient vers une copie chinoise du drone spatial américain. Mais la forme initiale, qui a été décrite précédemment, pourrait aussi convenir au retour d'orbite.

**
*

L'avion spatial Shenlong, qui est le projet le plus visible dans le domaine du transport spatial réutilisable chinois, a été testé en vol atmosphérique et très probablement en vol suborbital. La version que nous connaissons est celle d'un démonstrateur. Mais il est assez facile d'en extrapoler un véhicule plus performant aux caractéristiques techniques et opérationnelles proches de l'avion spatial américain X-37B auquel se réfèrent souvent les blogueurs de Pékin pour comparer le prototype chinois et les possibilités du véhicule de l'USAF. La Chine a-t-elle poussé l'art du mimétisme jusqu'à réaliser un clone autochtone du X-37B comme semblent le montrer les dernières illustrations ? A moins qu'il s'agisse d'un autre projet qui ne serait pas relié à Shenlong. Il est encore prématuré de répondre à ces questions. Mais toutes les déclarations laissent à penser que les Chinois souhaiteraient disposer rapidement d'un avion spatial aux capacités opérationnelles équivalentes à celle du drone spatial de l'USAF. Si le mystère s'épaissit, en revanche, la durée qui nous sépare de la première mission orbitale de Shenlong ne serait plus très longue.

CHAPITRE 6

Mystères autour d'une "Excursion céleste"

C'est au premier jour de l'automne de 2013, très exactement le dimanche 22 septembre, que la Calt annonça sans tambour ni trompette l'essai réussi d'un nouveau démonstrateur aérospatial. Diffusé sur le site de son centre d'innovation, le communiqué précisait que l'essai avait été conduit à Hulunbuir en Mongolie Intérieure, une région située à l'extrême Nord-Ouest de la Chine. Le profil de vol de cet engin mystérieux dénommé Excursion Céleste-1 (Aotian-1 en mandarin) demeure inconnu à ce jour. Peu après l'annonce de la Calt, certains *china watchers* pronostiquaient la récupération d'un engin spatial qui aurait effectué un vol suborbital à plusieurs dizaines de kilomètres d'altitude. Dans ce cas, l'information était sensationnelle, car elle aurait signalé une nouvelle avancée de la Chine dans le domaine des véhicules spatiaux réutilisables et récupérables, une étape supplémentaire après l'épisode Shenlong.

Une nouvelle enquête difficile qui commence avec un IL-76…

Cependant, dans les heures qui suivirent le dernier exploit de la Calt, les médias électroniques chinois commencèrent à diffuser une petite musique différente. Dans un premier temps, l'annonce concernant Excursion Céleste-1 était illustrée par la vue d'un Il-76 ; on nous expliquait que ce quadriréacteur de l'Armée populaire avait contribué au succès de l'expérimentation en vol du démonstrateur. Dès lors, on devait rechercher quel type d'appareil pouvait avoir été largué par cet aéronef et s'il avait pu dans ces conditions réaliser un vol très haute altitude comme on l'affirmait encore à la parution des premiers articles. En toute logique, il fallait d'abord savoir comment il avait été transporté en s'intéressant, par exemple, aux ailes et à la configuration du porteur. En effet, par le passé un grand nombre de démonstrateurs, surtout aux États-Unis avec les *X-planes*, étaient fixés sous l'aile du porteur. Aujourd'hui encore, des propulseurs expérimentaux, destinés à accélérer de futurs véhicules hypersoniques, sont encore aéroportés de cette manière. Mais sur la photographie qui montrait l'aéronef pratiquement de face, aucun pylône de fixation n'était apparent sous les ailes. Il restait à explorer la soute et l'extrados de l'Il-76 chinois. L'utilisation de la soute ne pouvait être exclue ; l'IL-76 est un avion imposant qui pouvait abriter dans ses entrailles le démonstrateur avec l'avantage de la discrétion en le dissimulant depuis son embarquement jusqu'au largage. Après l'ouverture des portes de soute à l'arrière de cet avion cargo, l'engin aurait été expulsé. Ce scénario pourrait être retenu dans le cas d'un composite relativement simple avec ou sans système propulsif. Ce serait tout de même une nouveauté, car le largage d'un tel objet aérien n'a jamais été évoqué officiellement par les Chinois. L'autre solution consiste à envisager que le démonstrateur ait pu être transporté sur le dos de l'IL-76, précisément sur l'emplanture des ailes là où la structure du fuselage est renforcée. Dans ce sens, les versions "awacs" de cet aéronef montrent bien la zone de fixation à l'extrados. Les prototypes des navettes spatiales américaines et soviétiques ont été transportés de cette façon. L'orbiteur Enterprise de la Nasa avait même été largué à plusieurs reprises depuis le dos d'un 747 en 1976 et 1977. Cet agencement pourrait aussi expliquer les énigmatiques vues 3D d'un petit modèle de navette spatiale chinoise porté par un aéronef cargo Dayun ; elles sont apparues récemment sans aucun lien particulier. Elles peuvent aussi bien être l'œuvre d'un graphiste passionné de prospective aérospatiale que celles d'organisations très intentionnées... Dans tous les cas, l'expérience montre qu'il faut retenir la publication et la diffusion sur Internet de ces nouvelles images d'une navette spatiale chinoise. Comme toujours, chaque détail peut être décisif.

Ainsi, l'association du démonstrateur Excursion Céleste-1 avec un aéronef porteur, comme l'indiquaient les médias électroniques, n'était pas stupide sur le plan pratique. Par ailleurs, l'absence de réaction de la part des organes officiels d'information pour contredire ou "effacer" l'existence d'un *X-plane* aéroporté chinois colporté par le web semblait confirmer la réalité de l'essai.

… et qui se poursuit avec un Mi-26

A partir du 23 septembre 2013, le jeu de piste s'enrichissait d'une deuxième photographie, celle d'un hélicoptère lourd de transport acheté aux Russes, le Mi-26. Cette fois, un blog chinois indiquait que la photographie avait été diffusée peu après l'essai. La vue du Mi-26 n'a pas été publiée très longtemps ce qui pourrait être un indice important renforçant la crédibilité de l'utilisation de ce type d'appareil pour larguer Aotian-1.

Toujours, le 23 septembre, une troisième vue était associée à l'essai mystérieux de la veille. Elle montrait un lifting-body de face ; il s'agissait sans conteste du Dream Chaser américain. *A priori*, l'utilisation d'une illustration d'un véhicule étranger pourrait surprendre, mais en Chine cette pratique est très répandue ; on peut de cette manière dissimuler le contour exact de l'objet chinois évoqué. Par exemple, pour s'en convaincre, il suffit de visiter les sites spatiaux officiels chinois, qui contiennent souvent des photographies d'agences spatiales étrangères (je laisse au lecteur le soin de le constater, c'est parfois surprenant). Peut-on en conclure pour autant que le démonstrateur de la Calt était un *lifting body* semblable au Dream Chaser développé par la société américaine Sierra Nevada dans le cadre de la compétition industrielle pour transporter du fret vers la station spatiale internationale ? Ce serait surprenant, car la feuille de route présentée justement par la Calt en 2006 ne comportait pas ce véhicule. A la vérité - nous l'avons montré dans les chapitres précédents - les ingénieurs chinois ont exploré toutes les variantes des formes apparentées aux avions spatiaux, c'est-à-dire celles dotées d'un fuselage et d'une voilure. Dans ces conditions, on peut effectivement s'étonner *a posteriori* qu'ils n'aient pas étudié les *lifting bodies*.

Pourtant, ce type de véhicule spatial s'est ramifié depuis plus de 50 ans chez tous les autres protagonistes de la conquête spatiale.

Trois illustrations énigmatiques pour annoncer l'essai en vol d'Aotian-1

Au sujet d'Aotian-1, la communication a été particulièrement elliptique. Aucune photographie du véhicule aérospatial, son démonstrateur ou sa maquette n'a été présentée. Seuls des blogs chinois plus ou moins anonymes ont diffusé les vues de deux porteurs potentiels et celle du Dream Chaser américain qui était sensée représenter le type d'engin testé en vol, c'est-à-dire un *lifting body (corps portant).* L'utilisation d'illustrations de matériels étrangers pour promouvoir les réalisations chinoises est une pratique courante en Chine...

L'aéronef de transport chinois Il-76 fut le premier porteur cité lorsque l'essai en vol d'Aotian-1 fut annoncé le 22 septembre 2013. ©DR

Cette photographie, diffusée par le site chinois weibo.com, montrerait l'hélicoptère Mi-26 qui aurait aussi pu être utilisé pour l'essai en vol d'Aotlan-1.
©Anon/weibo.com

Exemple de site web chinois - celui de *Qianzhan.com* le 29 septembre 2013 - qui a diffusé une image du Dream Chaser pour illustrer un article sur Aotian-1. ©DR

Aotian-1 en vol atmosphérique ? ©Ph. Coué

La longue filiation des *lifting bodies*

Le *lifting body* est apparu à la fin des années 1950 lorsque des deux côtés du rideau de fer on étudiait le moyen de mettre des hommes dans l'espace. Pour des raisons pratiques et des délais de réalisation imposés par la guerre froide, la capsule habitée s'est imposée tant aux États-Unis qu'en Union Soviétique. Il n'en demeure pas moins que la formule du corps portant a été largement explorée et testée. Aux États-Unis, dans les années 1960, il s'agissait de mettre au point un deuxième étage de l'Aerospaceplane (démonstrateurs M2F et HL-10 de l'USAF) ou de préparer la navette spatiale (démonstrateurs X-23 et X-24 de la Nasa). Au même moment, l'URSS développait les démonstrateurs Bor comme autant de prototypes du *lifting body* devant être mis sur orbite par le transporteur biétage Spirale. Plusieurs essais spatiaux automatiques ont été conduits dans l'espace avec les Bor-1, 2 et 3, tandis qu'une version atmosphérique et pilotée Epos (Avion 105) effectua plusieurs vols dans les années 1970 jusqu'à l'abandon du programme Spirale.

Ensuite, dans le cadre du programme de navette spatiale Bourane, une nouvelle série de *lifting bodies* Bor-4 fut développée pour des essais technologiques. Aux États-Unis, l'avènement de la navette devait sensiblement ralentir l'effort avant que le corps portant réapparaisse avec le X-33 et le X-38, respectivement en 1994 et 1995. Le premier était un véhicule suborbital conçu comme un prototype de lanceur monoétage réutilisable qui fut abandonné en 2000 pour des raisons techniques. En revanche, le second put accomplir plusieurs vols d'essai atmosphériques, car on prévoyait qu'une version opérationnelle puisse être amarrée en permanence à l'ISS pour servir de chaloupe de sauvetage aux astronautes. Le X-38, comme tant d'autres programmes spatiaux américains, fut lui aussi abandonné pour des raisons budgétaires en 2002. Mais il est toujours difficile de tuer une bonne idée et si vous chassez le corps portant par la porte, il reviendra par la fenêtre !... Ainsi, aux États-Unis, le Dream Chaser s'est finalement imposé pour transporter du fret vers l'ISS en complément du Dragon de SpaceX et du Cygnus d'Orbital ATK.

Par rapport aux capsules, l'avantage opérationnel du *lifting body* est indéniable. En effet, contrairement aux corps de rentrée de type Soyouz ou Apollo, dont la forme les confine à une trajectoire pratiquement immuable, le *lifting body* peut effectuer de larges déports latéraux en agissant pendant la rentrée sur ses gouvernes ; cela est pratique pour sélectionner les zones d'atterrissage. De ce fait, les opportunités de retour sont plus grandes. Cela serait même capital dans le cas d'un retour d'urgence. Enfin, ce véhicule spatial offre un plus grand confort à ses passagers en les soumettant, pendant la phase propulsée et le retour dans l'atmosphère, à des facteurs de charge presque identiques à celles de la Navette, c'est-à-dire faibles. Là encore, c'est préférable à la capsule pour les équipages qui reviennent sur Terre après avoir effectué des vols de longues durées.

Dans ces conditions, on comprend mieux pourquoi l'entreprise Sierra Nevada s'est obstinée à développer le corps portant avec succès. En revanche, on peut être surpris par le fait que la forme de cette version ne soit pas tout à fait identique à la tentative américaine précédente, c'est-à-dire celle du X-38[35], un véhicule qui était lui-même dérivé des anciens X-24A. Cette différence s'explique aisément : le Dream Chaser est dérivé du HL-20 de la Nasa. Ce *lifting body* n'a jamais été testé en vol mais a fait l'objet d'études très approfondies dans les années 1990 comme possible Système de lancement de personnel (acronyme anglais PLS) vers l'ISS

35 - La forme du *lifting body* X-38 avait été définie en France par Dassault Aviation dans le cadre d'un programme de l'Agence spatiale européenne et réalisé en coopération la société Aérospatiale.

en complément de la Navette. Ainsi, pendant une dizaine d'années, ce banc d'essai technologique a donné lieu à une littérature très abondante, la réalisation d'une maquette à l'échelle 1 et un nombre incalculable de simulations avec les astronautes pour tester l'habitabilité et le pilotage du véhicule. En revanche, les études aérodynamiques et les essais en soufflerie associés étaient seulement destinés à optimiser, par rapport aux spécifications américaines, les "courbes" d'un *lifting body* étranger qui avait déjà fait ses preuves en vol : le Bor-4[36] !

Ainsi, au moment, où nous écrivons ces lignes, l'un des trois cargos de transport de fret pour ravitailler l'ISS, est l'ultime avatar des *lifting bodies* développés à l'époque de l'Union Soviétique. Dès lors, il convient de réexaminer la présence du Dream Chaser dans les illustrations des articles chinois en prenant en compte toutes ces explications. D'une autre manière, il faut se demander si le démonstrateur Excursion Céleste aurait un quelconque rapport avec le Dream Chaser, c'est-à-dire le *lifting body* russe Bor-4 ?

En fait, les programmes spatiaux de l'empire du Milieu indiquent qu'il faut prendre très au sérieux cette piste. Le passé récent comporte plusieurs objets ou systèmes technologiques largement inspirés des réalisations ex-soviétiques ou russes :

- système de sauvetage de Shenzhou sur le lanceur CZ-2F (lanceur Soyouz) ;
- vaisseau de transport Shenzhou (Soyouz) ;
- système d'amarrage des vaisseaux et stations (système Apas) ;
- station spatiale permanente Tiangong-3 (Mir) ;

36 - Bor : Bespilotnyi Orbitalnyi Raketoplan (Avion orbital sans pilote).

- scaphandres IVA[37] (Sokol) et EVA[38] (Orlan) ;
- mobilité lunaire (Lunakhod) ;
- etc.

On pourrait allonger la liste à d'autres exemples. Mais inspiration ne signifie pas reproduction. Sur la base d'une volonté farouche d'indépendance et de rattrapage, la Chine s'affaire à ré-innover les fonctionnalités qui ont fait leurs preuves ailleurs. Cela s'applique particulièrement aux missions spatiales critiques comme les vols spatiaux habités ou l'exploration de la Lune.

Du Bor-4 russe au *lifting body* habité chinois : une hypothèse

Si Aotian-1 était en réalité une évolution du Bor-4, on devrait revisiter ce programme russe (ou ex-soviétique) pour tenter d'établir un portrait robot d'un successeur opérationnel chinois à ce type de démonstrateur.

Le Bor-4 fut développé par la NPO Molniya (qui était aussi le maître d'œuvre de Bourane) à la fin des années 1970, à partir de l'expérience obtenue avec la série des démonstrateurs Bor-1, 2 et 3. Officiellement, il devait tester des protections thermiques (tuiles et revêtements souples), des nouveaux moyens de liaison et probablement des systèmes de guidage, navigation et contrôle (GNC). Tous les lancements de Bor-4 étaient assurés par des fusées Cosmos-65MP tirées depuis le cosmodrome de Kapoustine Yar. Après la rentrée dans l'atmosphère, les *lifting bodies* étaient freinés par parachute et amerrissaient avant d'être récupérés par la marine soviétique pour analyse. Quatre vols orbitaux

37 - IVA : Intra Vehicular Activity.

38 - EVA : Extra Vehicular Activity.

furent réalisés entre 1982 et 1984. Ce programme secret fut dévoilé par l'Armée de l'air australienne qui surveillait les mouvements des navires soviétiques dans l'Océan Indien. Les aviateurs australiens purent photographier le Bor-4 au moment où il était récupéré en mer. Ces images firent le tour du monde au grand dam des Soviétiques.

L'utilisation des Bor-4 pour lever des obstacles technologiques afin de préparer la future navette Bourane ne fait aucun doute. En revanche, la présence et la forme précise du pare-brise de ces démonstrateurs ont interrogé longtemps les analystes et surtout ceux du Pentagone. Les militaires américains y voyaient le prototype à l'échelle 1/3 d'un "avion spatial militaire" habité. Aussi, entre 1983 et 1988, les rapports annuels *Soviet Military Power* [39] évoquaient en ces termes ce projet très secret : « Une charge utile candidate pour le SLX-16 (plus connue aujourd'hui par son appellation de Zénith) est un avion spatial, un programme différent de la grande navette (Bourane). Un modèle réduit de ce véhicule a été testé en orbite (Bor-4) et une version opérationnelle (peut-être dénommé Ouragan) pourrait être en production. Ce petit véhicule spatial habité pourrait être utilisé en cas d'urgence pour des missions de reconnaissance en temps réel, la maintenance ou la réparation de satellites, le

---

[39] - Publié dans les années 1980, ce document réalisé par le ministère américain de la Défense (DoD) recensait tous les systèmes d'armement soviétiques. Les activités spatiales étaient largement évoquées et un grand nombre de "révélations" furent confirmées dans les faits. On peut citer, par exemple, le lanceur Energia et la navette Bourane qui furent représentés sur des vues d'artiste avec une certaine précision alors qu'il s'agissait de programmes secrets. Dans ces conditions, le récit et les dessins d'artiste concernant Ouragan demeurent questionnants. Soit il s'agissait de la part des analystes du Pentagone d'une synthèse des nombreux projets de petits avions spatiaux soviétiques à cette époque, soit l'histoire d'Ouragan est véridique et expliquerait certains mystères des démonstrateurs Bor-4.

transport d'équipages, la défense d'une station spatiale, l'inspection d'un satellite et, si nécessaire, sa destruction[40] ».

C'est ainsi que débuta la légende du *lifting body* habité Ouragan. En 1987, *AWST* publia les caractéristiques de cet engin curieux en extrapolant celles du Bor-4 par homothétie entre les lanceurs Cosmos et Zénith. La taille du véhicule opérationnel était donc estimée à 12,5 m de long pour une envergure maximale de 9,5 m. De même, sur la base des performances connues du lanceur, on pouvait deviner la masse d'Ouragan autour de 13 t. Ouragan aurait été piloté par deux cosmonautes accompagnés par un ou deux passagers[41].

Que le *lifting body* Ouragan soit une élucubration du Pentagone ou un projet secret soviétique égaré dans les oubliettes de l'histoire, ce n'est pas très important. Ce qui compte ce sont les caractéristiques estimées nous renseignant sur les dimensions d'un dérivé opérationnel chinois du Bor-4. En particulier, la masse de 13 t (qui est aussi celle du Dream Chaser...) nous indique que l'essai du 22 septembre 2013 utilisant un Mi-26 était possible, car cet hélicoptère peut transporter une charge utile de 20 t. De même, elle nous convie à rechercher dans l'arsenal de Pékin le lanceur qui conviendrait pour mettre sur orbite ce type de

---

40 - *Soviet Military Power*, DoD, Washington, 1987, p. 54.

41 - Les historiens ont peut-être identifiés au moins trois pilotes d'essai qui auraient été recrutés pour le programme Ouragan : Viktor Affanassiev, Anatoli Atsebarsky et Guennady Manakov. Lorsque le programme aurait été annulé, ils auraient été transférés à la fin des années 1980 à la Cité des Etoiles pour participer à diverses missions spatiales à bord des stations Mir et ISS. Par ailleurs, alors qu'il était interviewé par la télévision française, à la veille du premier vol de Claudie Haigneré, Manakov arborait sur sa tenue de vol un étrange écusson avec un lifting body de type Bor-4, son nom et celui d'un autre cosmonaute... Les spéculations existent quant à la participation de quatre autres pilotes : Viktor Chirkine, Vladimir Mossolov, Nail Sattarov et Anatoly Sokovykh.

lifting body. C'est bien sûr le CZ-7 dont le tir inaugural est intervenu le 25 juin 2016 depuis le nouveau cosmodrome de Wenchang. Ce nouveau lanceur chinois peut placer en orbite basse 13,5 t, une masse qui serait compatible d'un *lifting body* tout à fait honorable !... Une fusée CZ-7 dont les Chinois nous répètent à l'envi qu'elle prendra en compte les spécifications particulières du vol habité pour être utilisée par des équipages. Jusqu'à présent, on ne comprenait pas la justification du CZ-7 pour mettre éventuellement sur orbite un vaisseau Shenzhou dont la masse de 8,5 t est très en deçà des performances de cette fusée[42]. On a maintenant une réponse possible.

Possible, plausible ou probable ? Un lanceur potentiel étant trouvé, il faut désormais rechercher sa fameuse charge utile, mais pas n'importe laquelle puisqu'il s'agit d'un *lifting body* !...

Un vaisseau réutilisable pour remplacer Shenzhou ?

L'obsession paye toujours surtout lorsqu'on prend le temps de tout examiner, document après document, congrès après congrès. C'est celui organisé par l'IAF (International Astronautical Federation) à Prague en 2010 qui va se révéler payant, fructueux, inattendu... L'une des communications chinoises s'intitulait : *Future investigation of crew re-entry vehicle*

42 - L'hypothèse se référant à l'utilisation du lanceur CZ-7 prend en compte la comparaison qui est faite avec le système soviétique Zénith/Ouragan. Bien sûr, cette analyse serait valable pour le lanceur lourd CZ-5 qui est entré en service en novembre 2016. Il offre beaucoup plus de marge, en particulier, pour la masse pouvant être satellisée (environ 20/25 tonnes pour l'orbite terrestre basse).

(CRV) for space station[43]. "Cerise sur le gâteau", elle était présentée par Ma Chao, un ingénieur de la Calt, l'Académie qui a annoncé l'essai de son démonstrateur Excursion Céleste-1.

On était sur une bonne piste.

Après un bref historique, l'auteur énumérait l'avantage d'un *lifting body* pour assurer la liaison entre la Terre et une station en orbite en termes économiques et opérationnels. Bien sûr, une grande partie de la présentation était consacrée à la rentrée atmosphérique. D'autres paragraphes présentaient les technologies clés pour réaliser un *lifting body* dont la récupération sous *parafoil.* On verra par la suite que ce type de parachute semble animer les ingénieurs de la Calt pour récupérer d'autres engins. Le corps portant sous *parafoil* fait immédiatement penser au X-38 de la Nasa. De fait, Ma Chao s'appuya sur ce démonstrateur américain pour vanter les vertus d'un tel vaisseau spatial. Mais l'une des figures qui illustraient le document montrait sans contestation possible la forme du Bor-4 ; il faut noter que la configuration de ce véhicule ne nécessiterait pas forcément l'emploi d'un *parafoil* comme l'ont montré les essais du Dream Chaser américain. Par ailleurs, en fin de document, l'auteur indiquait que les futurs développements se concentreraient sur le contrôle du *lifting body* pendant la rentrée atmosphérique (lois de contrôle, autonomie, systèmes redondants, GNC, etc.).

L'intérêt de la Chine pour les corps portants est donc démontré de manière officielle. C'est une première, car seuls les capsules et les avions spatiaux avaient été présentés auparavant. Désormais, la diffusion des images du Dream Chaser pour illustrer l'essai annoncé de septembre 2013 doit être appréciée à l'aune de cette découverte.

---

43 - Ma Chao, *Future investigation of crew re-entry vehicle (CRV) for space station*, IAC-10-D2.3.9, 61st IAC, Prague, Septembre 2010.

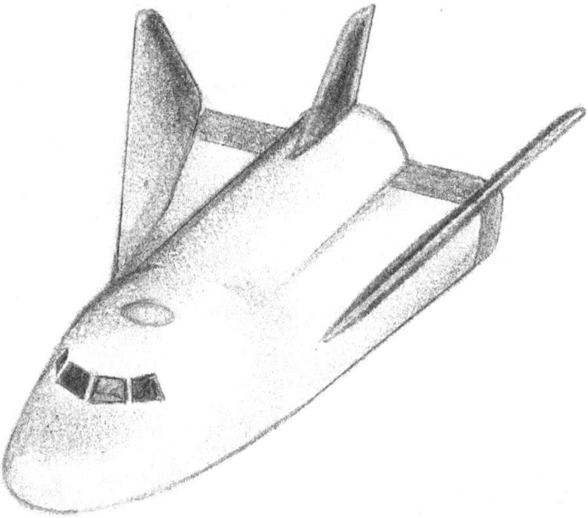

Reproduction du *lifting body* illustrant l'article de Ma Chao. Un air de ressemblance avec le Bor-4 soviétique et le HL-20 américain.
©Ph. Coué

On doit ajouter d'autres éléments intéressants avant de terminer ce chapitre. Les premiers sont communiqués par Ma Chao lui même dans ses références. En fait, il ne faut jamais négliger cette partie ultime d'une communication scientifique et technique, car elle complète souvent le propos de l'auteur et elle oriente le chercheur vers d'autres sources d'informations. Ainsi, la première référence nous indique que l'analyse aérodynamique du vaisseau russe Clipper - un *lifting body* étudié par RKK Energia il y a quelques années - a été effectuée par les Chinois en 2008[44]. Mieux, la même année, un autre document fut publié au sujet de la sélection de la configuration aérodynamique d'un véhicule de rentrée[45]. On ne peut vraiment plus nier l'intérêt des

[44] - Tang Wei, Gui Yewei et Chen Yuxin, "Aerodynamics analysis for Clipper re-entry capsule", in *Acta Aerodynamica Sinica*, décembre 2008.
[45] - Tang Wei, Gui Yewei et Fang Fang, "Aerodynamic configuration selection for lift re-entry capsule", in *Journal of Astronautics*, 2008.

aérodynamiciens chinois et du maître d'œuvre des lanceurs de l'empire du Milieu pour le corps portant.

De même, l'utilisation d'un véhicule habité réutilisable a été rappelée par la Calt en 2013 au sujet de l'avionique[46]. Cette communication semblait faire écho à celle de Ma Chao sur les progrès réalisés dans ce domaine par rapport aux objectifs cités trois ans plus tôt. Un autre élément qui peut être rattaché au vol habité tient au fait que le démonstrateur de la Calt a été récupéré dans la région de Mongolie Intérieure où atterrissent habituellement les capsules habitées Shenzhou.

Lors d'une conférence en mai 2009, un ingénieur de la Calt s'exprime devant une décoration murale représentant une variation des Bor-4 et Dream Chaser. Fallait-il y voir la préfiguration des évènements en cours aujourd'hui dans la célèbre Académie au sujet des véhicules spatiaux réutilisables ? ©DR

---

46 - Wang Linna et Zeng Guiming, *Analysis of the avionics architecture for future manned reusable launch vehicle*, IAC-13-D2.5.9, 64th IAC, Pékin, septembre 2013.

Un plan large sur la salle de conférence permet de distinguer deux grands écrans muraux qui diffusent l'image d'une sorte de *lifting body*. ©DR

A la fin de l'année 2013, une nouvelle recherche fouillée des images concernant Aotian-1 sur Internet a abouti à une véritable "trouvaille". A première vue, la scène de cette photographie est banale ; un orateur de la Calt s'exprime derrière un pupitre devant lequel on a disposé, comme décoration, un magnifique bouquet de roses. Mais pour l'observateur attentif du programme spatial chinois, c'est l'arrière plan qui constitue le vrai cadeau de sa surveillance obstinée. En effet, on distingue nettement un *lifting body* et pas n'importe lequel, puisqu'il s'agit de celui qui a été décrit dans ce chapitre ! De même, la présence ostensible d'un pare-brise évoque immédiatement un vaisseau pour le vol habité.

Cette étrange photographie a permis d'identifier la nature de l'évènement et de découvrir une autre vue. Ainsi, on apprenait que les 14 et 15 mai 2009 plus de 300 scientifiques et ingénieurs s'étaient rassemblés au Centre de convention de l'hôtel Xijiao à Pékin dans le cadre d'une conférence sur la navigation d'un véhicule spatial, son orientation et son contrôle. Bref, il s'agissait d'un évènement dédié au GNC, l'acronyme anglais bien connu pour *Guidance, Navigation and Control.* En ce qui concerne la nouvelle photographie, un plan large de la salle montrait la fameuse estrade, ses décorations et deux écrans sur lesquels apparaissait un autre *lifting body* plus effilé et avec des formes moins pataudes. Malgré la mauvaise qualité du document source, des excroissances semblaient indiquer la présence sur la partie arrière du véhicule de quatre propulseurs qui excluaient *a priori* un lien quelconque avec Aotian-1. Nous aurons l'occasion d'évoquer cette configuration dans un autre chapitre.

En janvier 2014, de nouveaux éléments ont été révélés au sujet d'un système aérospatial clé qui semblaient directement reliés à Aotian-1. *Primo*, un article publié sur le site web du gouvernement de la province du Fujian, louait la contribution significative d'une entreprise locale de roulements à billes[47] au succès de l'approche et de l'atterrissage à haute vitesse d'un engin aérospatial à l'automne 2013. Selon les *china watchers*, le même essai en vol fut mentionné par inadvertance dans une lettre de remerciements de la Calt adressée à la fameuse Université polytechnique de Nord-ouest spécialisée dans les avions spatiaux et les véhicules hypersoniques. Cette fois-ci, c'était le système de freinage électrique qui était apprécié. Lui aussi aurait grandement contribué au succès de ce test. Associée aux roulements à billes, la présence d'un système de freinage trahissait un train d'atterrissage classique. Ainsi, à l'instar de Shenlong, Aotian-1 pouvait lui aussi effectuer un retour sur piste.

A la vérité, beaucoup d'analystes se perdaient en conjecture au sujet d'Aotian-1 en le confondant souvent à Shenlong ou à d'autres projets aérospatiaux chinois. Mais ceux-là n'avaient pas suivi notre cheminement pour

---

47 - En toute logique, les roulements à billes cités dans cette annonce devraient être liés aux trains d'atterrissage de cet appareil expérimental. Aotian-1 ne serait donc pas muni de patins.

comprendre l'effort entrepris en Chine depuis plus de 20 ans dans le domaine des véhicules spatiaux réutilisables.

**
*

Au second semestre de 2013, le principal maître d'œuvre des lanceurs chinois - la Calt - a testé avec succès un véhicule expérimental dénommé Aotian-1 (Excursion Céleste-1). Sur la base des informations diffusées par les médias chinois et l'histoire des *lifting bodies* - surtout les Bor soviétiques - on a tenté de démontrer que l'essai d'un véhicule de ce type à partir d'un aéronef Il-76 ou d'un hélicoptère Mi-26 n'était pas impossible. Si l'hypothèse développée dans ce chapitre était avérée exacte, elle préfigurerait la mise en service d'un nouveau vaisseau habité qui serait lancé, au moins par le CZ-7, pour desservir l'orbite basse. Ainsi, les indices convergeraient vers l'existence d'un autre véhicule aérospatial réutilisable chinois en parallèle de Shenlong. Un engin dont la configuration particulière présenterait l'avantage d'avoir été testée avec succès lors des vols suborbitaux et orbitaux du Bor-4 soviétique au début des années 1980. Un engin qui pourrait aussi atterrir sur piste selon la dernière information à son sujet diffusée en 2014.

Aujourd'hui, des éléments récents tendraient à infirmer toute cette analyse en suggérant qu'Aotian serait en définitive la "copie chinoise" du X-37 américain. A la vérité, cela ne remettrait pas en cause le réel intérêt des ingénieurs chinois pour les corps portants comme ceux décrits dans ce chapitre. Nous avons expliqué la logique de leur développement sur la

base d'un riche héritage et l'existence indéniable de travaux à leur sujet.

CHAPITRE 7

Les autres projets de véhicules spatiaux pour le retour d'orbite

En marge de Shenlong et Aotian-1, les Chinois présentent régulièrement dans les forums internationaux des projets de véhicules ailés pour améliorer le retour d'orbite par rapport aux capsules. Dans ce sens, ils suivent les travaux de recherche pratiqués par les autres puissances spatiales.

IXV chinois

Dans la feuille de route de 2006 (évoquée dans le chapitre 4), l'un des démonstrateurs envisagés avait une configuration qui semblait calquée sur le véhicule européen Intermediate eXperimental Vehicle (IXV). L'engin de l'Esa, qui a volé avec succès en février 2015, a démontré l'intérêt d'un corps portant simple. Mieux qu'une capsule, sa configuration aérodynamique associée aux deux volets offre à la fois un plus grand confort (facteurs de charge réduits) et un déport latéral sensiblement plus important.

A priori, il n'existe pas de littérature accessible sur ce projet. En fait, par rapport à Shenlong et Aotian-1, aucune publicité n'a vraiment été faite sur l'IXV chinois. Cependant, les spécialistes du domaine, qui étaient présents à l'IAC de Pékin en 2013, ont noté plusieurs questions d'ingénieurs chinois au sujet du démonstrateur européen. Ainsi, si l'absence d'information ne permet pas de développer davantage à ce sujet, il convient de suivre les évolutions futures sur ce projet assurément très confidentiel. Dans cette affaire, il est toujours utile de rappeler que les programmes aérospatiaux chinois les plus avancés (Projet-921, Wu-14, etc.) ont été développés dans le champ du secret.

Analyse du X-38 américain

L'hypothèse émise au sujet d'Aotian-1 dans le chapitre précédent ne doit pas masquer l'existence d'études sur d'autres types de corps portants. En effet, quelques publications ont révélé l'analyse du projet américain X-38. A l'instar d'Aotian-1, les Chinois estiment que ce type de vaisseau spatial, qui devait servir de chaloupe de sauvetage aux occupants de l'ISS, serait plus adapté que Shenzhou pour la desserte des futures stations orbitales chinoises.

Au-delà des études papier et calculs associés au véhicule de type X-38, les indices sont nombreux pour imaginer que cette forme a aussi été testée en soufflerie. La Chine ayant rendu prioritaire la mise en œuvre des véhicules hypersoniques et de retour d'orbite, toutes les configurations sont prises en compte. Cette stratégie peut aisément se comprendre par le fait que la Chine souhaite acquérir toutes les informations et les expériences pour maîtriser les déplacements ultra rapides et l'accès régulier aux orbites basses de manière plus flexible et éventuellement économique.

Projets de véhicules de retour d'orbite chinois

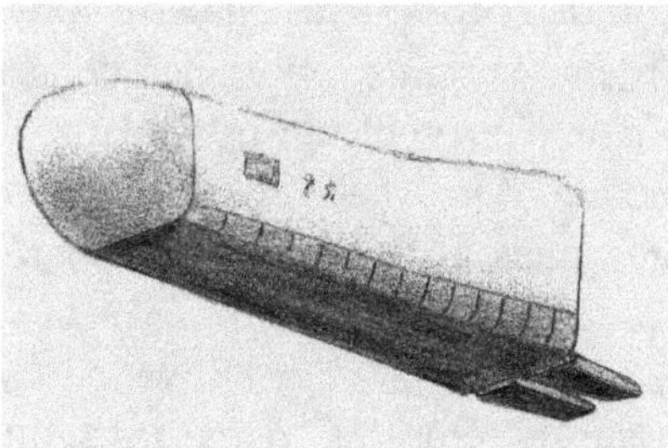

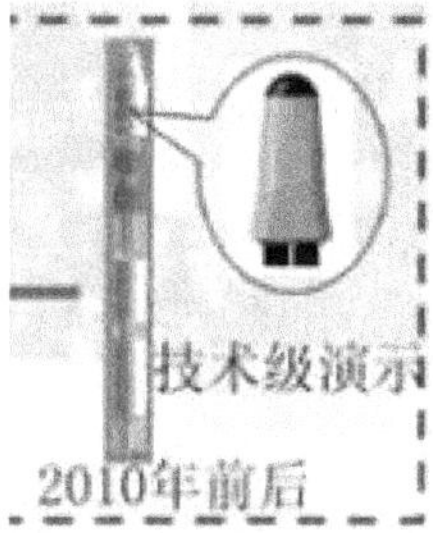

La configuration du démonstrateur IXV européen était apparue pour la première fois dans la feuille de route du transport spatial réutilisable chinois en 2006. Depuis, très peu d'informations ont circulé à son sujet. ©Ph. Coué et DR

Véhicule de retour d'orbite avec une forme de type X-38. ©Ph. Coué

Illustration d'origine indéterminée d'un projet de petit avion spatial. ©DR

Autres corps portants chinois

Une autre configuration de corps portant illustre souvent les articles techniques et même certains reportages de la télé chinoise à son sujet. Il s'agit d'un véhicule possédant deux winglets et une bidérive. On ne possède aucune caractéristique de cet engin, mais il est toujours comparé au X-38 ou à Aotian-1.

D'anciennes configurations étudiées dans les années 1980 dans le cadre du Projet-863 sont réapparues récemment. C'est le cas des avions spatiaux de type Hermès (Europe) et Hope[48] (Japon) qui comportent un fuselage classique associé à une voilure delta et des winglets. L'Académie d'aérodynamique aérospatiale de Chine a publié sur ce sujet en 2015[49].

Des véhicules à géométrie variable ont aussi été présentés[50]. Mais s'ils impliquent l'utilisation de voilures mobiles, les plus exposées lors de la rentrée atmosphérique, les modifications de l'angle de la voilure pour améliorer la portance, lors de l'approche finale et jusqu'au touché sur piste, peut s'avérer très utile. Les expériences conduites dans les années 1960 avec les corps portants américains ou encore lors des essais en vol du X-38 ont montré que l'approche et l'atterrissage étaient des phases très délicates avec ce genre de véhicule.

En fait, à chaque conférence spécialisée dans le transport spatial réutilisable, il y a toujours des publications chinoises

48 - Hope: H2 Orbiting Plane.

49 - Rong Wang, *Aerodynamic force and heat fast prediction for high speed vehicle based on effective numerical and engineering methods*, IAC-15.C2.IP.22, 66th IAC, Jerusalem, septembre 2015.

50 - Yuejun LI, Jianhua WEN et Liyu LI, *A changeable aerodynamic configurations of RLV*, 59th IAC, Glasgow, 10/2008.

issues de l'industrie ou des centres de recherche en aérodynamique au sujet des véhicules de retour d'orbite. Indépendants ou non de Shenlong ou d'Aotian, ils démontrent l'exploration sans relâche des scientifiques et des ingénieurs pour tester toutes les formes aérodynamiques possibles et imaginables. Comparé aux autres puissances spatiales, l'effort chinois semble beaucoup plus important. Là bas, c'est la recherche du Graal pour faire correspondre les géométries mathématiques avec la physique des gaz plus ou moins rares. La dernière publication sur le sujet fut présentée au congrès mondial de l'astronautique à Jérusalem en 2015[51].

**
*

Si Shenlong et Aotian-1 ont fait l'objet de deux chapitres, il ne faut pas négliger pour autant tous les travaux en cours sur d'autres projets de corps portants pour le retour d'orbite. Là aussi, ce secteur du transport spatial réutilisable chinois foisonne. L'acquisition de connaissance est visée en même temps que la formation d'un personnel qualifié apte à conduire des projets aérospatiaux plus ambitieux et à caractère stratégique. Dans ce sens, on pense en priorité aux navettes spatiales et aux engins hypersoniques.

---

51 - Bingyan Chen, *Aerodynamic design of a lifting re-entry vehicle for real gas effect flight tests*, IAC-15.C2.IP.6, 66th IAC, Jerusalem, septembre 2015.

CHAPITRE 8

Les navettes bi-étages semi-réutilisables

La maîtrise progressive des technologies de retour d'orbite, de la capsule (FSW, Shenzhou, ...) à l'avion spatial (Shenlong, Aotian, ...) a conduit les Chinois à extrapoler ces compétences au transport spatial en général. Aussi, après avoir abordé de manière théorique et expérimentale le sujet de la réutilisation partielle ou totale des lanceurs, le contexte décrit dans les chapitres précédents nous convie à examiner tous les projets évoqués ces dernières années par la Chine et le premier d'entre-eux : le lanceur semi-réutilisable.

La réutilisation des propulseurs d'appoint

Le raisonnement des Chinois pour abaisser les coûts de lancement a suivi la même logique que celles des autres acteurs du transport spatial : commencer par récupérer et réutiliser les parties basses d'un lanceur. Ainsi, pour limiter les dommages, qui rendraient caduques sur le plan économique, cette récupération, il est nécessaire de freiner suffisamment l'étage que l'on souhaite réutiliser. Dans ce sens, l'Institut de Pékin d'ingénierie des systèmes aérospatiaux a révélé en septembre 2013[52] que des travaux conséquents avaient été conduits avec des *parafoils*. Plusieurs essais furent réalisés avec un modèle de 72 m^2 qui a permis de parfaire sa maniabilité. Les largages avec une charge de 500 kg intervenaient entre 1 et 2 km d'altitude. Mais la vitesse verticale atteignait tout de même 5,77 m/s. Plus récemment (en 2016 ?), des essais de récupération ont été conduits avec un booster de grande dimension freiné par un ballon.

Une méthode plus sophistiquée consiste à doter d'une voilure l'étage que l'on souhaite récupérer. Les Russes ont beaucoup étudié cette option et ont envisagé un moment de l'utiliser sur leur futur lanceur Angara. Ce projet, dénommé Baïkal et développé par Khrounichev (le constructeur du lanceur Proton), fut présenté dans les salons aéronautiques à la fin des années 1990 dont le salon du Bourget qui exposa une maquette à l'échelle 1. Cependant, les retards dans le développement d'Angara et le manque de budget ont relégué cette proposition dans le folklore de la fuséologie russe. La Chine s'en est probablement inspirée[53] pour faire plusieurs études théoriques sur le sujet. Le profil de vol de l'accélérateur d'appoint ailé commencerait par sa séparation du corps central du lanceur, puis par l'allumage des moteurs de contrôle d'attitude qui assureraient son orientation. Ensuite, ailes déployées, il glisserait comme un planeur vers la zone de récupération avant d'être freiné sensiblement par un *parafoil* jusqu'à son atterrissage.

Aujourd'hui, l'Institut de Pékin d'ingénierie des systèmes aérospatiaux avoue que les travaux sur ce booster ailé ont été

52 - Ma Zonghui, Shang Xianyang, Tang Liang et Li Dan, *The analysis about the developing approaches of technologies of safely recycling and reusing launch vehicle core stages and rocket boosters*, IAC 2013, IAC-13-D2.P.12, Pékin, septembre 2013.

53 - L'auteur fut témoin des nombreuses questions posées au sujet de Baïkal par les ingénieurs chinois aux représentants de Khrounichev.

sensiblement réduits et qu'il resterait de nombreux travaux à réaliser et d'expériences à tenter pour pouvoir être confiant avec ce type de réutilisation. On veut bien le croire, en particulier, si l'on tient compte des difficultés rencontrées par le programme X-38[54] de la Nasa pour piloter le *parafoil.* Mais des expériences récentes ont été réalisées dans ce domaine par la Calt. Le démonstrateur était freiné par un grand ballon et le choc à l'atterrissage était amorti par des airbags. Ces essais ont récemment fait la une de l'actualité aérospatiale chinoise.

Concept de booster ailé récupérable étudié par l'Institut de Pékin d'ingénierie des systèmes aérospatiaux. ©DR

[54] - Le démonstrateur X-38 fut développé et testé entre 1995 et 2002 pour mettre au point la chaloupe de sauvetage de la station spatiale internationale. Des difficultés furent effectivement rencontrées par l'équipe de Houston et ses associés européens pour piloter correctement ce *lifting body* après sa séparation du B-52. Cependant, l'abandon de ce programme ne doit pas être imputé à des difficultés techniques, mais à une réorientation des travaux sur un hypothétique Orbital Space Plane (OSP) qui ne devait jamais dépasser la planche à dessins.

Le premier étage ailé réutilisable

L'étape logique après l'accélérateur d'appoint réutilisable consisterait donc à réutiliser le premier étage d'un lanceur. C'est justement ce que la Calt proposait en 2006 avec un premier étage ailé bidérive (un modèle presque identique a été présenté avec une seule dérive) dont la masse à vide atteignait 16,9 t et 100 t en pleine charge. Ressemblant à un orbiteur américain dont le fuselage aurait été allongé, il a été affublé de l'acronyme anglais RBS pour *Reusable Booster Stage*. C'est un véhicule suborbital qui serait propulsé jusqu'à Mach 9+ par un moteur Lox/Kéro avec une impulsion spécifique de 288 s. Il décollerait comme un lanceur classique de façon verticale et atterrirait comme un aéronef sur une piste conventionnelle. Avant d'effectuer son retour sur Terre, il larguerait un étage supérieur consommable de 12 t. Ce dernier serait accéléré par un moteur ré-allumable ayant une Isp de 364 s. Ce système de lancement placerait au moins 1 t de charge utile sur orbite terrestre basse. Assurément, avec ce type de véhicule, les Chinois souhaitent abaisser le coût de mise sur orbite et effectuer éventuellement des lancements réactifs.

La littérature sur le RBS chinois s'est étoffée depuis 2006 démontrant que le concept a été exploré en détail dans tous les domaines technologiques concernés par ce type de véhicule. L'une des communications présentées aussi en 2006 doit être mentionnée, car elle provenait du Centre de recherche et de développement aérodynamique chinois (CARDC) de Mianyang. Dans ce document, les auteurs présentaient une méthode consistant à utiliser des algorithmes génétiques multi-objets pour concevoir le RBS. Les Chinois expliquaient que cette méthode permettait d'optimiser la forme et le volume du véhicule de manière automatique en obtenant – pour une configuration donnée – la meilleure solution de transfert de charge utile, la meilleure portance du RBS, etc. Les recherches conduites par le CARDC visaient à accroître la manœuvrabilité et la précision d'atterrissage, à accroître le corridor de rentrée (déport latéral) et diminuer les contraintes thermiques. En obtenant les meilleures valeurs pour une mission donnée, cela permettait de définir le système le plus rentable, fiable et réutilisable. Une autre communication technique, qui fut présentée à l'IAC de Naples en 2012, évoquait les contraintes mécaniques qui affecteraient les points de liaison des parois du fuselage avec les réservoirs d'un RBS[55].

Décidément, ce RBS a fait l'objet de toutes les attentions. Ainsi, un an plus tard, Yongfeng Xie de l'Institut de Pékin de l'ingénierie des systèmes astronautiques a révélé la stratégie d'interruption de vol du RBS (*abort modes*) qui prenait en compte son exploitation depuis la base de lancement de Jiuquan, dans le Désert de Gobi, au nord-ouest de la Chine[56]. La défaillance de l'étage supérieur n'était pas abordée. En revanche, l'interruption prématurée du RBS, c'est-à-dire du premier étage, comportait les *scénarii* suivants :

- Retour à la base de lancement de Jiuquan – C'est un mode de retour compliqué, car il exigerait des manœuvres de retournement. Dans tous les cas, il faudrait alléger tout ou partie du lanceur selon que l'étage supérieur serait séparé ou non. Toutes les options de pannes conduisant à ce scénario ou intervenant pendant la phase de retour ont été abordées par l'Institut de recherche.

55 - Ma Tingting, Wang Fei et Cai Qianoyan, *Analysis of load transmission line on the fuselage of reusable launch vehicle*, IAC-12.C2.7.18, 63th IAC, Naples, septembre 2012.

56 - Yongfeng Xie avec Yi Chen, Wenyong Zhou et Dacheng Du, *Abort capability evaluation for multi-stage space transportation systems*, IAC-13-C1.7.1, 64th IAC, Pékin, septembre 2013.

Le RBS, une navette suborbitale chinoise réutilisable

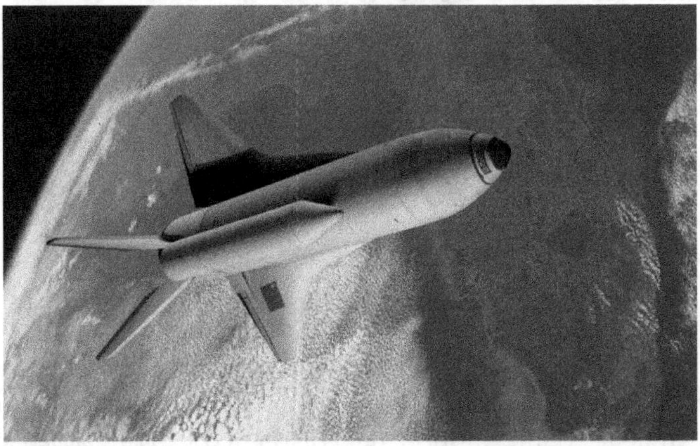

Projet d'étage suborbital chinois réutilisable avec un étage supérieur destiné à l'injection sur orbite de la charge utile. ©M. Cherfi

Ce véhicule présenté en 2006 est la version chinoise du premier étage réutilisable étudié pendant des années par les États-Unis. Il est revenu au premier plan de l'actualité depuis que l'agence militaire américaine de recherche et développement Darpa a émis à l'automne 2013 un nouvel appel d'offres dans le cadre du projet XS-1. Il est possible que l'obstination des Américains sur cette configuration de lanceur ait pu influencer les Chinois qui étudient leur projet de RBS depuis dix ans.

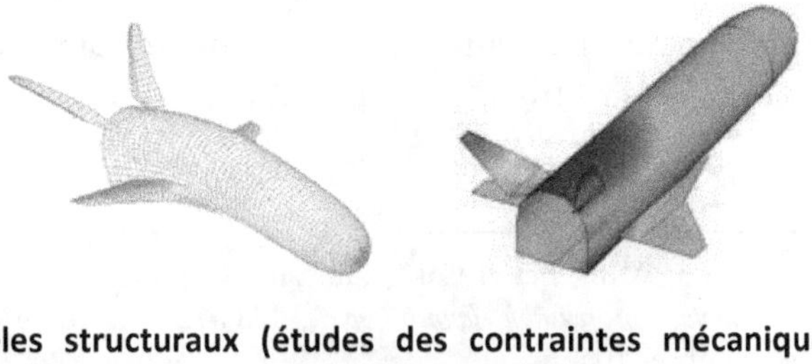

Modèles structuraux (études des contraintes mécaniques) à gauche et distribution aérodynamique à droite. ©Calt

- Retour sur un autre aérodrome – Ce serait le scénario idéal pour effectuer un vol plané sans manœuvre complexe vers une zone de récupération aménagée (aérodrome conventionnel) en Mongolie Intérieure.

En 2010, l'Université polytechnique du Nord-Ouest, qui étudie depuis des années les navettes réutilisables, porta sa préférence pour le RBS, car elle estimait que ce concept était le plus facile à développer.

En continuant à puiser dans les communications plus ou moins éponymes[57], il a été possible de reconstituer progressivement le puzzle de cet engin suborbital qui pose sur l'extrados un étage de mise en orbite. Les spécialistes ont reconnu au travers des interventions chinoises le cheminement intellectuel classique des ingénieurs en charge de la conception d'un lanceur réutilisable. De toute manière, la physique est la même pour tous et elle conduit, en définitive, à des solutions assez proches.

Le RBS chinois dans l'air du temps

Ainsi, la configuration du RBS chinois et ses missions ne sont pas sans rappeler celles de son équivalent américain. Il serait même exact d'évoquer une grande proximité entre les deux engins. En fait, les États-Unis poursuivent depuis une dizaine d'années une veille active dans ce domaine qui est surtout le fait de la Darpa. L'intérêt des militaires américains pour un RBS suborbital capable de satelliser en orbite basse des charges utiles a même dépassé le stade de la planche à dessin pour aboutir à l'essai en soufflerie de plusieurs maquettes. Par ailleurs, dans le cadre du projet Revolver,

---

57 - La dernière communication sur le sujet date de 2015. - Hui Junpeng (Calt), *Research an active flutter suppression using robustic control methodology for reusable launch vehicle*, IAC-15.C2.3, 66th IAC, Jerusalem, septembre 2015.

Lockheed Martin a conçu en parallèle un modèle réduit au 1/5e de ce type de véhicule. Après cinq ans de développement selon les canons des Skunk Works (équipe réduite, travaux confidentiels, technologies innovantes, etc.), il fut testé à trois reprises entre 2007 et 2009 pour acquérir des informations sur son comportement en vol et tenter sa récupération après l'atterrissage. La suite de cet effort avait abouti en 2012 au démarrage officiel et en "grande pompe" d'un programme conséquent - dénommé tout simplement RBS - qui prévoyait de tester un ou plusieurs démonstrateurs préalablement à la mise en service d'un étage suborbital ailé et réutilisable au début des années 2020. Mais des contraintes budgétaires remisèrent une fois de plus ce projet quelques mois seulement après son lancement.

La Darpa semblait néanmoins y tenir, car elle diffusa en septembre 2013 un nouvel appel d'offres pour un RBS dénommé XS-1 de même type mais avec une mission qui s'éloignait du simple démonstrateur d'étage de lanceur. Cette fois-ci, il devait être capable de lancer dès les premiers essais des satellites de manière économique. Ainsi, pendant la même année, les militaires de l'USAF durent expliquer que le RBS était devenu inutile et économiquement inopportun avant de le réhabiliter complètement et dans une configuration pré-opérationnelle pour réaliser dix vols en dix jours. C'était très ambitieux et tout à fait inédit. Que s'était-il passé chez les décideurs du Pentagone pour tuer et ressusciter le fameux étage suborbital réutilisable alors qu'on cherchait à faire des économies dans tous les domaines, y compris militaires ? A la vérité, seul l'intérêt stratégique du RBS pourrait expliquer ce revirement, ou plutôt la volonté de ne pas se faire distancer dans ce domaine du transport spatial. Dans tous les cas, c'était une décision hâtive et peu habituelle, car depuis la fin de la guerre froide les États-Unis avaient toujours été à l'origine des programmes concurrents étrangers.

Bien sûr, il est aisé d'imaginer que le développement du RBS chinois, qui semble ininterrompu depuis une dizaine d'années, ait pu, en définitive, contraindre l'USAF et la Darpa à réexaminer les conséquences industrielles et opérationnelles de l'abandon de leur propre projet. Mais, c'est l'arrivée d'un deuxième concurrent qui a pu jouer un rôle décisif. En effet, au salon du Bourget, en juin 2013, des représentants russes ont annoncé que l'Agence spatiale Roscosmos avait ordonné en 2011 l'étude du projet MRKS-1. Confiée à Khrounichev, le constructeur du lanceur Proton, il s'agissait à l'origine de faire évoluer les boosters réutilisables Baïkal et Bargouzine. Le premier, doté d'une voilure tournante, fit l'objet de développements avancés et des maquettes furent réalisées. Pour les Russes, l'utilisation d'un ou plusieurs Baïkal pouvait réduire sensiblement les coûts de lancement. Quant à Bargouzine, ce projet émergea il y a quelques années de la coopération franco-russe concernant les premiers étages réutilisables. C'est justement la configuration de cet appareil qui semble avoir aujourd'hui la faveur de Khrounitchev et ses partenaires (Molniya, Myassischev, ...). Plusieurs photographies de maquettes en soufflerie ont été diffusées en 2013 et démontrent la volonté des Russes de développer un véhicule qui est, en définitive, très proche de ses concurrents.

Le MRKS-1 russe serait un véhicule allé de 35 t. Il serait lancé dans les années 2020 depuis le nouveau cosmodrome de Vostochny qui sera dédié aux lanceurs Soyouz et Angara. *Jane's*, qui fut le premier à rapporter ces informations, a ajouté que des essais en soufflerie avaient été conduits au printemps 2013[58].

---

58 - Richard D. FISHER, "Chinese, US, Russian shuttle concepts suggest start of three-way space race", in *HSI Jane's 360*, 7/10/13.

Le RBS chinois a-t-il influencé les autres projets de ce type aux États-Unis et en Russie ? On serait tenté de le croire, car les configurations des trois projets sont très proches. ©Ph. Coué

Enfin, toujours la même année, le fameux établissement des essais en vol LII Gromov présenta au salon Maks de Moscou la maquette d'un avion spatial MLD-TK de 2500 kg qui servirait de démonstrateur technologique au MRKS-1. La mise en service des nouveaux lanceurs Soyouz-2 et Angara-5 semble accréditer le réveil de la Russie dans le transport spatial. Un contexte qui crédibiliserait un peu plus le projet MRKS-1. De même, certains observateurs estiment qu'il serait devenu politiquement prioritaire pour rétablir la Russie sur la plus haute marche du transport spatial réutilisable.

Dans ces conditions, il n'est pas faux d'évoquer un véritable engouement pour le RBS de la part des trois premières puissances spatiales. Assurément, dans cette compétition qui ne dit pas son nom, l'une des trois a été l'aiguillon pour les deux autres. Il est tentant de désigner la Chine en raison de l'importance que semblent attribuer ses décideurs à l'étage suborbital réutilisable, comme nous l'avons démontré dans les paragraphes précédents.

Une navette suborbitale lancée par CZ-5

Dans la feuille de route présentée par la Chine en 2006 au sujet des véhicules réutilisables (cf. chapitre 4), il y avait aussi une navette suborbitale lancée par une grappe d'éléments du lanceur CZ-5. Dans cette configuration, un avion spatial de 32 m de long serait accéléré par un étage consommable flanqué de deux accélérateurs d'appoint. Cette navette ne serait pas mise sur orbite, mais suivrait une trajectoire suborbitale. Ce système de lancement semi-réutilisable pourrait placer 7 t sur une orbite terrestre basse. La forme aérodynamique semble inspirée des navettes américaines et russes avec un plan de forme des ailes en double delta et un fuselage surmonté d'une seule dérive.

Le projet de navette suborbitale de la Calt

Un avion suborbital réutilisable lancé par le premier étage du lanceur CZ-5, un projet proposé par la Calt de Pékin. ©M. Cherfi

Dans ces conditions, cette navette suborbitale serait capable de larges déports latéraux. En ce qui concerne le fuselage, on constate que celui-ci serait occupé en majeure partie par les réservoirs tandis qu'une petite soute se trouverait à l'avant de l'appareil. Si cet aménagement était confirmé, il faudrait que la cargaison soit absolument larguée avant le retour sur Terre pour éviter des problèmes de centrage lorsque les réservoirs seraient vides.

Proposé par la Calt, ce projet est une nouvelle version du Chang Cheng-1 étudié à la fin des années 1980 dans le cadre de la définition d'un véhicule de transport d'équipage. Mais par rapport au projet initial, les winglets ont été abandonnés au profit de la configuration monodérive. Par ailleurs, la présence d'un cockpit dans le premier modèle n'est plus vraiment visible dans les vues diffusées en 2006. Les Chinois nous disent que cette navette pourrait être utilisée en mode automatique ou habité.

**
*

En plus de la réutilisation des avions spatiaux ou des corps portants, la Chine vise aussi celle des éléments de lanceur pour diminuer le coût de la mise sur orbite des charges utiles. C'est le sens du projet de booster ailé présenté au début du chapitre. Il n'est pas exclu que ce concept puisse aboutir à une version opérationnelle, car aucun obstacle technologique ne l'empêcherait. Mais à l'instar de leurs concurrents étrangers, les Chinois étudient certainement et développent peut-être déjà des parties de lanceurs réutilisables plus importantes comme le RBS ou la navette évoquée ci-avant. Ces deux engins seraient

"seulement" suborbitaux mais présenteraient de vrais avantages quant à leurs exploitations (préavis et azimut de lancement, interruption du tir en cas d'urgence sans perte des véhicules lanceurs, etc..). Le cas du RBS est édifiant en raison des nombreuses publications chinoises qui existent à son sujet. Une fois de plus, la Chine semble avoir employé les grands moyens pour faire émerger un système opérationnel parmi ceux qui ont été décrits dans ce chapitre.

CHAPITRE 9

Les planeurs hypersoniques Wu-14/DF-ZF

La maîtrise du vol hypersonique ne concerne pas seulement le secteur des avions spatiaux mais aussi de nombreuses autres applications. La Chine a rappelé cette évidence en 2014 avec l'essai d'un planeur hypersonique à finalité militaire dénommé Wu-14 par les Américains puis DF-ZF par les Chinois.

Les vols hypersoniques du Wu-14/DF-ZF

Presque sept ans, jour pour jour, après le succès de leur première opération antisatellite, une nouvelle expérience a mis en émoi la communauté de défense en Occident. L'affaire commença par le lancement d'une fusée depuis le territoire chinois le 9 janvier 2014.

Le premier essai du 9 janvier 2014 - Sur leurs consoles, les militaires américains chargés de surveiller les activités de défense étrangères virent apparaître un spot qui correspondait au lancement d'un missile intercontinental chinois. L'affaire aurait pu être classée, car cette opération, effectuée par la plupart des grandes puissances militaires, est aujourd'hui très banale. Mais l'allure du spot était inédite de la part d'un missile chinois. De même, au lieu de suivre une trajectoire en forme de cloche, la "charge utile" suivit une croisière hypersonique dans la haute atmosphère à près de Mach 10. Selon les *china watchers*, qui surveillaient le développement de ce type d'engins depuis plusieurs années, cet essai dénommé Wu-14 a pu mettre en œuvre un missile DF-26 dérivé du missile intermédiaire DF-21 de 2000 à 3000 km de portée. D'autres sources évoquaient l'utilisation du DF-31 introduit en 1999 et dont le rayon d'action atteindrait 8000 à 12000 km[59]. Les médias chinois ont confirmé la réalisation de cet essai et rappelé les propos du ministre chinois de la Défense[60]. Selon lui, « les recherches scientifiques et les expérimentations qui sont faites en Chine sont normales et ne visent aucun pays et aucune cible ». Le ton volontairement apaisant du dignitaire chinois n'a pas rassuré les responsables du Pentagone qui ont assimilé Wu-14 à une étape majeure dans l'évolution des systèmes d'armes chinois. Dans l'avenir, ils pourraient être plus rapides et surtout invulnérables aux systèmes de défense anti-missile traditionnels. Assurément, les Américains estimaient à l'époque que les armes à énergie dirigée (laser, micro onde, etc.) seraient les seules capables de stopper ce type de planeur hypersonique chinois très manœuvrant (ou HGV dans la terminologie anglo-saxonne de Hypersonic Glide Vehicle).

Essai infructueux le 7 août 2014 - Le planeur hypersonique Wu-14 fut une nouvelle fois accéléré par un vecteur tiré depuis la province du Shaanxi à 300 kilomètres

---

59 - **Bradley PERETT**, "High-speed hit", in *AWST*, New York, 27/01/14, pp. 18 à 20.

60 - Anon., "Après les Etats-Unis, la Chine a testé un engin hypersonique", in *AFP website*, 16/01/14.

de Taiyuan[61]. Selon des sources anonymes proches des militaires, le deuxième essai n'aurait pas atteint tous les objectifs. Les Chinois ont été confrontés cette fois-ci aux difficultés du maintien en vol d'un véhicule hypersonique dans la haute atmosphère. Pour mémoire, avec leurs véhicules démonstrateurs HTV-2, qui visaient les mêmes objectifs, les Américains ont connu deux échecs et ils n'ont pas encore renouvelé ce genre d'essai en vol.

Réussite du troisième essai le 2 décembre 2014 - Cette fois-ci, selon les militaires chinois, c'est un lanceur CZ-2C qui aurait été utilisé pour ce troisième tir très réussi.

"Manœuvres extrêmes" pour le quatrième essai le 7 juin 2015 - Encore révélé par les services de surveillance américains, le quatrième essai semblait reproduire celui du mois d'août 2014, mais avec de meilleurs résultats[62]. Lors de ce vol, les ingénieurs chinois seraient parvenus à réaliser des manœuvres complexes dans la dernière partie de la croisière hypersonique, celle suivant les rebonds atmosphériques qui précédaient l'impact.

Nouvelle évasive lors du cinquième essai le 19 août 2015 - Intervenant seulement 73 jours après l'essai précédent, celui-ci visait à nouveau à maîtriser les manœuvres en vitesses hypersoniques. Ainsi, après avoir été lancé de Wuzhai, au centre de la Chine, ce cinquième Wu-14 aurait effectué une "évasive", dans la dernière partie de la trajectoire, qui l'aurait conduit à une centaine de kilomètres d'une installation antimissile (radar et contremesures) dans le Xinjiang près de la ville de Kurla.

---

61 - Minnie CHAN, "China's second hypersonic glider test fails as PLA trials nuclear weapon delivery system", in *South China Morning Post*, 22/08/14.

62 - Bill GERTZ, "China conducts fourth test of Wu-14 strike vehicle", in *Washington Free Beacon Website*, Washington, 11/06/15.

Le planeur hypersonique Wu-14 / DF-ZF ?

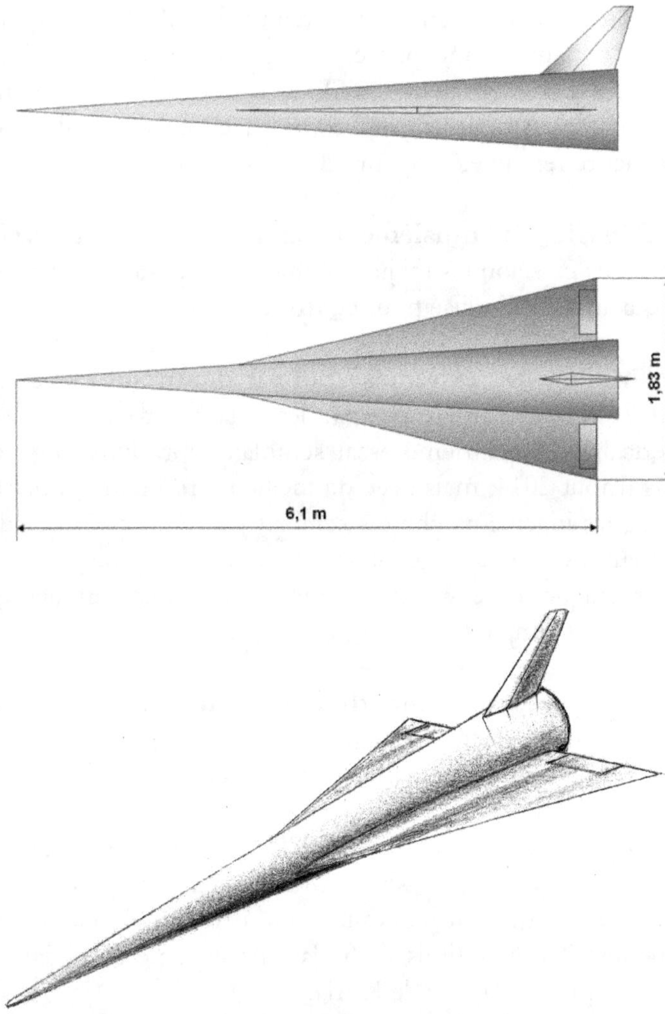

Les informations les plus récentes semblent privilégier la configuration de cône ailé pour le planeur hypersonique Wu-14. ©Ph. Coué

Autres formes aérodynamiques suggérées pour le Wu-14 / DF-ZF

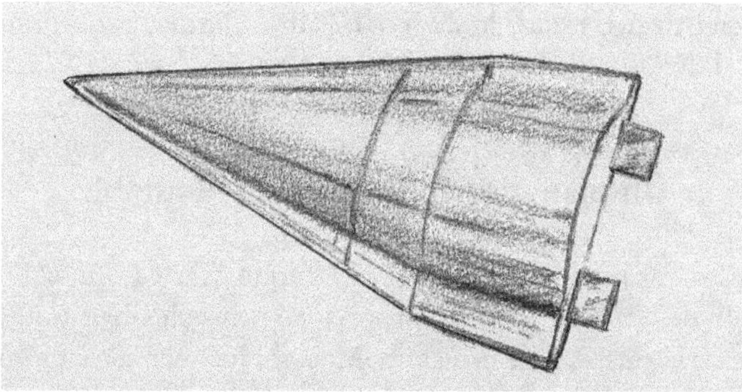

Reproduction d'un modèle de soufflerie du démonstrateur américain HTV-2. Celui-ci pourrait correspondre à l'objet mystérieux. ©Ph. Coué

Une autre version du cône ailé apparue sur les blogs spécialisés chinois. ©Ph. Coué

Sixième essai, le 23 novembre 2015 - C'est en milieu de journée que le sixième essai du Wu-14 - qui a pris la désignation officielle de DF-ZF - fut conduit. A nouveau, le succès fut total selon les observateurs[63].

Septième essai, le 22 avril 2016 - Dernier test connu et réussi du Wu-14/DF-ZF toujours depuis la base de Wuzhai.

Un planeur hypersonique redoutable

Les essais du planeur hypersonique Wu-14/DF-ZF ont révélé des caractéristiques propres aux missiles balistiques et celles des missiles de croisière. Mais il faut bien avouer qu'on se perd en conjecture pour déterminer quel type de vecteur serait utilisé. Certains ont avancé que le Wu-14/DF-ZF pourrait être lancé par le missile DF-26, mais il pourrait aussi être accéléré par un petit lanceur comme le Kuaizhou qui est entré en service en 2013. Les spécialistes considèrent que ce type de vecteur à poudre serait préférable en termes de stockage et d'emploi. Cela peut s'expliquer aisément avec le préavis de lancement court exigé par ce type d'arme. Cependant, c'est un lanceur bien différent qui a été évoqué pour le troisième tir : le CZ-2C à ergols liquides. Mais, à nouveau, lors du quatrième tir, c'est l'utilisation du missile DF-26 qui avait la préférence des *china watchers*. Au lieu de voler comme un missile balistique classique qui traverse l'espace avant de revenir sur Terre, ce nouvel engin hypersonique chinois effectue plusieurs rebonds atmosphériques.

---

63 - Franz-Stefan GADY, "China tests new hypersonic weapon", in *Thediplomat.com website*, 26/11/15.

<u>Plus de *blackout* pour le planeur hypersonique Wu-14 / DF-ZF ? (1/2)</u>

Au début de l'année 2015, un bref communiqué annonçait dans la presse chinoise une invention qui permettrait de communiquer avec un véhicule aérospatial pendant la rentrée dans l'atmosphère.

A la vérité, ce serait un progrès considérable, car depuis le début de la conquête spatiale, il n'a jamais été possible d'assurer des liaisons lorsque la gangue de plasma entoure les parois de l'engin spatial qui revient sur Terre. On se souvient, lors des premières missions spatiales habitées, du suspens engendré par cette phase de la rentrée atmosphérique pendant laquelle il n'était plus possible de communiquer avec l'équipage. Les contrôleurs américains et soviétiques attendaient avec anxiété les premiers mots de leurs cosmonautes confirmant qu'ils étaient sortis intacts de l'enfer!

Aujourd'hui, c'est toujours le cas, mais le *blackout* est entré dans la routine des vols spatiaux habités. Dans les années 1980, les Soviétiques avaient développé le démonstrateur Bor-6 pour tenter de surmonter cette phase anxiogène. Il s'agissait d'un *lifting body* identique aux Bor-4 qui se différenciait par deux grosses antennes pivotantes sur le nez. Mais l'effondrement de l'URSS annula complètement ce programme.

Aucune expérience de ce type ne fut réalisée jusqu'à l'annonce chinoise de 2015. Pour évaluer la crédibilité de cette information, il fallait rechercher des sources adéquates. Contre toute attente, plus de 80 articles scientifiques et techniques furent détectés sur la période 1982 - 2015. Le rythme de ces publications semblait s'accélérer à partir de 2005. Plusieurs universités et centres de recherche étaient mentionnés dans ces recherches de très haut niveau.

<u>Plus de *blackout* pour le planeur hypersonique Wu-14 / DF-ZF ? (2/2)</u>

Sur la base de ces publications, il serait logique d'envisager que la Chine ait pu effectivement mettre au point des technologies de "rupture" (augmentation de la puissance d'émission/réception, amélioration des liaisons avec des satellites relais, ... ?) pour communiquer avec un véhicule aérospatial à travers le manteau de plasma qui se forme autour de lui à très grande vitesse dans l'atmosphère. Les conséquences seraient significatives et pas seulement pour le planeur Wu-14/DF-ZF. Cela impliquerait aussi que la Chine damerait le pion aux Américains sur un secteur technologique militaire très évolué. Assurément, ce serait une première très problématique pour les États-Unis.

La dernière information sur le sujet date du printemps 2016 et concernerait le vaisseau de nouvelle génération qui doit remplacer Shenzhou. Les Chinois ont annoncé qu'il serait doté d'un système qui permettrait de communiquer avec l'équipage pendant toute la rentrée atmosphérique. Ils confirmaient une fois de plus que des travaux étaient bien engagés pour communiquer pendant le *blackout* de la rentrée atmosphérique.

A la vérité, ce véhicule hypervéloce serait très difficile à contrer. C'est bien là tout l'intérêt du système. En outre, en rebondissant dans l'atmosphère, le rayon d'action du Wu-14/DF-ZF est sensiblement plus important que celui d'un missile balistique classique. En fait, avec le Wu-14, on retrouve la trajectoire qui avait été définie par Tsien pour son bombardier antipodal (cf. chapitre 1). Pour cette raison, elle est dénommée "trajectoire de Tsien" par les ingénieurs de la Casic, le consortium chinois probablement impliqué dans ce programme stratégique. Ainsi, après avoir été propulsé dans la haute atmosphère par son missile porteur, le planeur effectue un vol plané hypersonique depuis le vide spatial aux environs de 100 km d'altitude jusqu'à une atmosphère plus dense où il rebondit plusieurs fois comme une pierre qui ricoche à la surface de l'eau. Chaque rebond prolonge le vol du Wu-14/DF-ZF qui glisse vers sa cible. Bref, les sept essais réussis du planeur hypersonique chinois démontrent que l'empire du Milieu dispose désormais d'une arme redoutable et presque opérationnelle.

Un programme stratégique qui se dévoile progressivement

Le planeur hypersonique tel qu'il a été conçu pour le Wu-14/DF-ZF fut envisagé à la fin des années 1990. Les deux grands groupes aérospatiaux Casc et Casic ont dû être en compétition pour ce projet. Mais la Casic étant spécialisée dans les matériels aérospatiaux militaires, il serait logique d'y voir le maître d'œuvre. Au début du XXIe siècle, ce projet serait devenu prioritaire avec l'implication d'une centaine d'établissements et disposerait de fonds bloqués. *A priori*, le Wu-14/DF-ZF est hautement stratégique. Son développement n'aurait connu aucun retard et serait arrivé à une certaine maturité avant Shenlong et Aotian-1. En outre, il a peut être irrigué en savoir-faire et en technologies ces deux projets.

En effet, des blogueurs spécialisés dans ce secteur aérospatial chinois ont rapporté plusieurs progrès importants dans les domaines de l'aérodynamique, de la mécanique hypersonique et du GNC. De même, la mise au point des protections thermiques très avancées est évoquée. Des matériaux légers et transparents aux ondes auraient été développés (furtivité ?). L'un d'eux, non ablatif, serait capable de stabiliser l'ablation à 0,001 millimètre par seconde avec des températures pouvant atteindre 2800°.

La configuration exacte du Wu-14/DF-ZF n'est pas connue, mais elle peut être extrapolée des documents techniques chinois se référant au planeur hypersonique. Ces derniers montrent deux types de formes : le cône ailé et le *waverider*. D'autres publications, en référence à la configuration américaine éponyme, présentent des *Common Aero Vehicle* ou CAV qui sont associés à ces configurations[64] ou à leurs guidages très précis[65] ; elles émanent de la Casc (1ère Académie), du CARDC et de l'Université polytechnique du Nord Ouest[66]. Cependant, les informations les plus récentes semblent privilégier la configuration du cône ailé.

Les tirs du Wu-14/DF-ZF pourraient être conduits depuis le polygone d'essai de Wuzhai situé au centre de la Chine.

Conséquences stratégiques du Wu-14/DF-ZF

À la suite aux essais du Wu-14/DF-ZF, les Américains ont publié plusieurs articles concernant les conséquences

64 - Wang Yunliang, Tang Wei, Zhang Yong et Li Wei, "Aerodynamic configuration optimization of a Common Aero Vehicle", in *Journal of Astronautics vol 27/n°4*, 2006.

65 - Z. JI-SONG, G. CHUN-LIN et G. LIANG-XIAN, *Glide trajectory for Common Aero Vehicle*, AIAA 2008-2596, 15th AIAA International Space Planes and Hypersonic Systems and Technologies Conference, 28/01/08 - 1/05/05.

66 - Z. JI-SONG, G. CHUN-LIN and G. LIANG-XIAN, *Concept design of prompt long range Common Aero Vehicle*, AIAA 2008-2522, 15th AIAA International Space Planes and Hypersonic Systems and Technologies Conference, 28/01/08 - 1/05/05.

stratégiques pour les États-Unis si ce planeur hypersonique devenait opérationnel.

Les spécialistes insistent sur le fait que la dernière partie de la trajectoire est difficilement prédictible en raison des manœuvres pouvant être effectuées par l'engin chinois. Aujourd'hui, les forces armées américaines ne disposent pas de véhicule similaire même s'il fut développé à titre expérimental par McDonnell Douglas dans les années 1960 et 1970 : programmes Boost Glide Research Vehicle (BGRV) et Advanced Maneuvring Re-entry Vehicle (AMRV)[67]. Ces deux démonstrateurs n'ont jamais abouti à la mise en service de versions opérationnelles après les accords américano-soviétiques qui interdisaient leur emploi.

Cependant, du point de vue stratégique, le problème pour les États-Unis n'est pas l'absence d'un planeur hypersonique du même type que le Wu-14/DF-ZF dans leur arsenal, mais bien celui d'une défense antimissile adaptée à cette nouvelle menace. Or, les spécialistes et les militaires américains eux-mêmes affirment qu'il n'existe pas encore de système adéquat. L'embarras est bien réel à Washington d'autant plus que les Russes seraient engagés dans le même type de programmes. Assurément, après sept essais plutôt réussis du véhicule hypervéloce chinois, la question d'une parité au moins avec la Chine dans ce domaine ne va pas manquer de se poser au Pentagone. Si la réponse était positive, nul ne doute que l'industrie aérospatiale US pourrait rapidement concevoir et produire ce type de véhicule. Sinon, seuls des systèmes anti-missiles très perfectionnés, comme les armes à énergie dirigée, seraient efficaces contre cette nouvelle menace chinoise.

67 - Bradley PERETT, Bill SWEETMAN et Michael FABEY, "High-speed hit", in *AWST*, New York, 27/02/14, pp. 18 à 20.

Il est remarquable que le Wu-14/DF-ZF hypervéloce et menaçant soit le premier engin hypersonique qui a reçu une grande publicité dans les médias occidentaux. Mais l'arbre ne doit pas cacher la forêt. Comme nous l'avons évoqué dans les chapitres précédents, le Wu-14/DF-ZF n'est qu'un élément de l'effort chinois concernant les véhicules hypersoniques et réutilisables.

**
*

La fréquence élevée des essais en vol du Wu-14/DF-ZF - sept en moins de trois ans - a surpris les observateurs. Assurément, le développement d'un véhicule capable de pénétrer profondément les défenses ennemies et pratiquement invulnérable est ultra prioritaire pour l'APL. En 2015, beaucoup de spécialistes estimaient que la mise en service du Wu-14/DF-ZF était proche. De même, l'insistance des physiciens et des spécialistes des télécommunications pour maîtriser les liaisons à travers le plasma lors des grandes vitesses dans l'atmosphère indiquent peut-être une avancée technologique majeure pour piloter de manière permanente ce véhicule hypervéloce. En fait, tout cela est très questionnant. Les conséquences stratégiques pour les États-Unis ne sont pas négligeables alors que des essais américains similaires ont échoué. Cela serait même préoccupant pour la défense occidentale en général alors que les Russes (YU-71 ?) ,°développent aussi leur propre système. Avec le programme de Wu-14/DF-ZF, l'APL démontre sa capacité à acquérir les systèmes d'armes les plus sophistiqués. Pour le secteur aérospatial chinois, ce programme stratégique irrigue aussi de nombreux

instituts de recherches et des établissements industriels qui sont impliqués dans les projets d'avions spatiaux et les véhicules hypersoniques endoatmosphériques. On doit donc considérer le Wu-14 comme un vecteur incontestable de modernisation des forces armées chinoises et un formidable accélérateur des technologies hypersoniques.

CHAPITRE 10

Dragons ultimes

A l'aube du XXIe siècle, la Chine est bien engagée dans la conquête du transport spatial réutilisable avec le développement de véhicules suborbitaux, d'avions spatiaux ou encore de planeurs hypersoniques. Mais ces engins évoluent à l'aide de lanceurs consommables classiques et ne possèdent pas de propulsion capable de les mouvoir dans l'atmosphère. Seules leurs qualités aérodynamiques sont utilisées pour qu'ils puissent être récupérés au sol intact en dehors, bien sûr, du Wu-14 dont l'objectif est de détruire une cible.

Une brève histoire des engins hypersoniques autopropulsés

Une autre manière pour atteindre les grandes vitesses et les hautes altitudes consiste à utiliser au maximum les basses, moyennes et hautes atmosphères avec des moteurs aérobies. Les véhicules aérospatiaux qui entrent dans cette catégorie sont proposés comme premiers étages des systèmes de transport spatial multiétages réutilisables ou directement comme monoétages pour atteindre l'orbite basse. Un très grand nombre de concepts et de projets plus ou moins avancés furent étudiés et certains de leurs éléments testés sur la base d'un espoir qui perdure encore : celui d'un avion spatial qui serait utilisé comme un aéronef classique.

Ainsi, au lendemain de la Seconde Guerre mondiale, Américains et Soviétiques ont démarré de très ambitieux programmes de démonstrateurs et de systèmes de transport opérationnels. Ces derniers se dénommaient Aerospaceplane aux Etats-Unis et Spirale en Union Soviétique. Nous étions alors dans les années 1960 après quelques années de maturation de ces projets dans les centres de recherche aérospatiaux des deux superpuissances de la guerre froide. Totalement secret, le Spirale soviétique fut seulement dévoilé à la fin des années 1980. On sait aujourd'hui que ce transporteur aérospatial biétage partiellement réutilisable aurait été développé pour effectuer des missions militaires de reconnaissance et offensives avec un *lifting body*. Ce dernier avait engendré les démonstrateurs Bor dont l'un fut piloté en vol atmosphérique (Epos). Mais le développement du premier étage dépassait les possibilités techniques des années 1960 et 1970. Ainsi, lorsque la navette Bourane fut mise en chantier en 1976, Spirale fut abandonné. De toute manière, il n'était plus nécessaire de rechercher la parité dans la création d'un biétage réutilisable, car les États-Unis avaient aussi jeté l'éponge avec leur projet Aerospaceplane.

Il s'agissait à la fin des années 1950 de mettre au point un monoétage capable d'atteindre l'orbite. Mais les industries et les institutions américaines qui étaient impliquées dans ce projet furent rapidement dépassées par des difficultés techniques insolubles. Il fut alors décidé de convertir l'Aerospaceplane en biétage. Lui aussi a donné naissance à des démonstrateurs atmosphériques pour le deuxième étage qui devait être piloté par un ou plusieurs astronautes. Mais un travail très conséquent fut surtout entrepris sur la propulsion. Toutes les compétences américaines sur les moteurs aérobies avancés - statoréacteurs (ramjet) et superstatoréacteurs (scramjet) - furent rassemblées pour ce projet. Il en résulta la création d'un propulseur révolutionnaire pouvant à la fois être utilisé comme propulseur et liquéfacteur d'air apte à alimenter les réservoirs en oxygène qui serait utilisé par un moteur-fusée. En principe, le rapport de masse devait être considérablement amélioré pour permettre au premier étage d'effectuer sa mission dans des conditions économiquement acceptables. Mais s'il fonctionna assez bien au banc, le moteur révolutionnaire de l'Aerospaceplane avait une masse et un encombrement si importants qu'ils étaient incompatibles pour une utilisation opérationnelle.

A l'instar du Spirale soviétique, l'Aerospaceplane américain fut très tardivement détaillé. Mais sa déclassification dans les années 1990 fut partielle et n'explique pas pourquoi, longtemps après son abandon officiel au milieu des années 1960, des développements technologiques furent poursuivis. A la vérité, il faut y voir la persévérance du complexe militaro-industriel américain pour développer des engins hypersoniques qui puissent rallier n'importe quel point du globe à la vitesse record. La mise en orbite n'était plus vraiment recherchée, mais de nombreuses missions militaires auraient pu être conduites dans une gamme de vitesses hypersoniques comprises entre Mach 6 et Mach 8. Dans les années 1970, on peut seulement citer le démonstrateur X-24C qui avait été conçu pour expérimenter à Mach 6 une propulsion aérobie. C'était ambitieux, car il s'agissait de reproduire dans la haute atmosphère, et pendant une période relativement longue, le vol hypersonique du X-15 qui avait seulement utilisé un moteur-fusée. D'aucuns estiment que le X-24C aurait bien volé, mais l'armée américaine, la Nasa et l'industrie n'en ont jamais émis la moindre preuve.

Pourtant, au tournant des années 1980, les États-Unis semblaient plus confiants que jamais d'arriver à la création d'un engin hypersonique opérationnel. Une nouvelle fois, cet engin était imaginé comme un monoétage capable d'atteindre par ses propres moyens l'espace. Ces véhicules furent alors qualifiés de "transatmosphériques" et devaient compléter l'usage des navettes spatiales. Dans ce contexte optimiste, plusieurs projets confidentiels furent lancés dans le cadre des initiatives Copper Canyon, Science Dawn, Science Realm et Have Region. Celles-ci n'avaient pas pour but de faire voler des démonstrateurs, mais de développer et de tester les technologies exotiques qui avaient fait défaut aux programmes antérieurs. Aussi, plusieurs éléments structuraux furent assemblés. A leurs sujets, quelques photographies commencent à se répandre sur Internet. Ensuite, la grande affaire dans l'hypersonique américaine fut le Nasp (cf. chapitre 4). Il doit son existence à l'accident de la navette Challenger en janvier 1986, qui tua son équipage, et aux résultats obtenus dans les projets de R&D secrets concernant les avions transatmosphériques. En effet, sur cette base et pour redynamiser le secteur aérospatial américain en berne après la perte de l'orbiteur de la Nasa, le Président Ronald Reagan annonça la mise en chantier d'un véhicule aérospatial capable de rejoindre seul l'orbite basse. Le véhicule transatmosphérique était officialisé avec des spécifications servant à la fois les rêves les plus débridés de la Nasa et du Pentagone. Pour mettre au point ces véhicules très exotiques, les Américains décidèrent immédiatement la mise en chantier de deux démonstrateurs dénommés X-30. Plusieurs milliards de dollars furent engloutis dans le programme Nasp. Les industriels impliqués ont communiqué avec parcimonie sur les configurations adoptées et les matériaux employés, y compris ceux de la protection thermique. En revanche, plusieurs propulseurs furent évoqués sans que l'on sache véritablement celui qui serait effectivement utilisé en mode aérobie et fusée. Tous les autres détails du Nasp furent camouflés jusqu'à son abandon en 1994. Aujourd'hui encore, le Nasp et ses démonstrateurs X-30 demeurent mystérieux. Depuis, la communauté aérospatiale américaine n'a plus jamais produit de projet aussi ambitieux. Les travaux de recherche se sont concentrés sur des moteurs ou des parties de moteurs expérimentaux. Dans cette laborieuse veille sur la propulsion aérobie, une expérimentation a été médiatisée, celle des essais du démonstrateur X-43.

En définitive, on est très loin du compte par rapport aux objectifs militaires initiaux de faire voler des avions aussi facilement dans l'espace que dans les airs. Jusqu'à preuve du contraire (X-24C, Aurora, ...), les résultats obtenus dans le domaine hypersonique sont étonnamment faibles après 70 ans de recherches et d'essais en tout genre. Aucun programme d'ampleur n'est prévu dans les prochaines années et la fameuse rupture technologique se fait attendre... Aux États-Unis, l'accès à l'espace avec des moyens réutilisables fait maintenant appel à des solutions plus classiques et certains développements chez SpaceX ou Blue Origin abandonnent complètement la configuration des avions spatiaux au profit d'étages non ailés.

L'hypersonique post-guerre froide

En dehors des États-Unis, la situation n'est pas plus avancée. La Russie n'a repris aucun projet hypersonique qui visait à concurrencer le Nasp tels que le Tu-2000 et le Mig 2000. Seuls quelques démonstrateurs furent périodiquement exposés par le TsAGI, le LII, Molnya, etc. En Europe, tous les projets aérospatiaux qui avaient défrayé la chronique des années 1980 - le Star-H et le STS-2000 en France, et Sänger en Allemagne - ont été relégués dans les oubliettes de l'histoire. Il y a bien des activités de recherche qui perdurent en Allemagne sur la base de technologies hypersoniques moins exotiques. En fait, seul le Royaume Uni continue à soutenir le développement d'un appareil monoétage révolutionnaire dénommé Skylon. Son moteur Sabre s'inspirerait de celui de l'Aerospaceplane américain des années 1960. Ce serait à la fois un moteur combiné (aérobie et fusée), mais aussi un liquéfacteur d'air. Mais seuls quelques éléments ont été produits et testés et on est encore très loin d'une version achevée. Par ailleurs, l'exploitation opérationnelle demeure très ambitieuse dans le contexte de développement des programmes spatiaux actuels. Skylon représente bien l'idéal astronautique pour l'accès à l'espace qui est visé par tous, mais ce concept britannique décoiffant exigera bien d'autres développements avant qu'on puisse seulement le décréter faisable. Cependant, il faut noter l'intérêt récent de British Aerospace pour développer des véhicules hypersoniques "moins performants" et plus réalistes sur la base des technologies du Skylon.

En Asie, le domaine hypersonique concerne plusieurs bureaux d'études. Il y a l'Inde avec son programme Avatar qui vise aussi à créer un monoétage à propulsion combinée. Les travaux sont en cours mais ne devraient pas aboutir avant plusieurs années. Il y a aussi le Japon qui a connu, comme l'Europe, un foisonnement de projets encouragé par le Nasp au début des années 1990. Si l'euphorie est bien retombée depuis, il n'en demeure pas moins que le Laboratoire Aérospatial National et l'industrie japonaise poursuivent un programme de développement très pragmatique qui devrait aboutir rapidement à des démonstrateurs (propulsion, bancs d'essais volants, etc.).

A la vérité, à côté des discours sur le transport spatial, l'ensemble du secteur hypersonique mondial semble orienté vers des solutions visant à créer des missiles hypervéloces pour les militaires. La France, qui est en pointe dans ce domaine, ne dissimule pas cette finalité et pourrait tester de nouveaux engins hypersoniques.

Bien sûr, les applications militaires de l'hypersonique ne sont pas étrangères aux stratèges et au complexe militaro-industriel de la Chine.

Les dragons ultimes de la Chine

L'avion comme une fusée et vice et versa débarqua en Chine en même temps que Tsien qui était le grand pionnier dans ce domaine avec quelques Allemands et Américains. Malgré les vicissitudes d'une vie précaire et entièrement consacrée à l'élaboration des premières fusées chinoises, puis du programme spatial, il est difficile d'imaginer Tsien abandonnant complètement sa passion et ce qui fit sa notoriété aux États-Unis. Mais, il faut bien reconnaître qu'aucune trace n'existe dans ce domaine, au moins pour les années 1960 et 1970. En fait, comme on l'a évoqué précédemment, on sait depuis une quinzaine d'années que le Projet-863 a généré les premières études officielles sur le transport spatial réutilisable de types mono et biétage. A l'instar des autres puissances spatiales, toutes les configurations ont été étudiées et testées en soufflerie dans ces deux domaines. En fait, depuis 2002, les chinois ont publié 33.000 articles au sujet de l'hypersonique et devancent les Américains selon un article publié dans AWST en avril 2017.[68]

On s'intéresse ici aux monoétages ou aux premiers étages de TSTO. Pour ces derniers, le deuxième étage est toujours constitué d'avions spatiaux très conventionnels

68 - Guy NORRIS, "Lifting the veil", in *AWST*, New York, 17/04/17, pp. 50 à 54.

dont les configurations s'apparentent à des dérivés de Shenlong ou du RBS.

Profil "européen" - Le projet H-2 étudié dans le cadre du Projet-863 a démontré l'intérêt des ingénieurs chinois pour des solutions de lanceurs réutilisables biétages avec un porteur hypersonique très proche des solutions explorées par l'industrie aérospatiale européenne. En effet, à la fin des années 1980, les agences spatiales allemande et française avaient attribué des contrats d'études de TSTO à Daimler Aerospace (Sänger), l'Aérospatiale (STS-2000) et Dassault Aviation (Star-H). Les premiers étages de ces projets possédaient des configurations très proches.

Ce profil « européen » (type Sänger) de lanceur biétage circule depuis plusieurs années sur les blogs spécialisés chinois. Même si plusieurs détails semblent fantaisistes, ce concept résume assez bien ce qui est étudié par l'industrie et les universités. ©Ph. Coué

Configurations des engins hypersoniques chinois

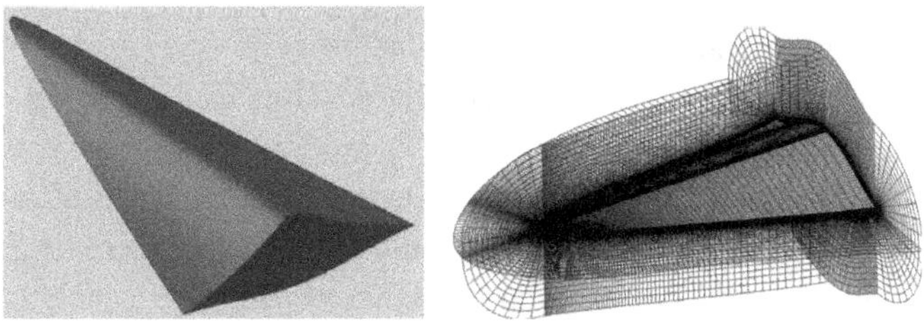

***Waverider* étudié par l'Université de technologie de Défense de Changsha (2013)**. ©DR/Université de technologie de Défense de Changsha

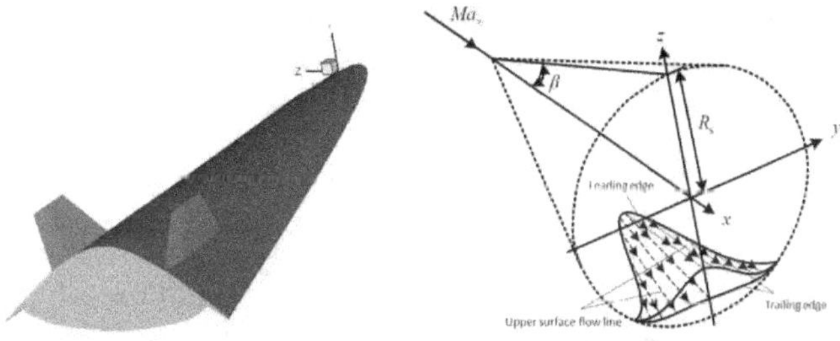

***Waverider* étudié par la Calt (2014).** ©DR/Calt

Lanceur biétage étudié par l'Institut de technologie aérospatiale de Pékin (2014). ©DR/Institut de technologie aérospatiale de Pékin

Profil de type X-43 - L'analyse des véhicules hypersoniques étrangers a conquis la Chine depuis des décennies comme nous venons de le souligner. Ainsi, plusieurs publications démontrent qu'un engin au profil du démonstrateur américain X-43 a été pris en compte au plus haut niveau par le secteur aérospatial chinois. Ce profil est lui-même dérivé du Phantom-X, un modèle très réduit développé par McDonnell Douglas et représentatif du Nasp. Présenté comme un possible candidat de premier étage d'un futur lanceur TSTO, il serait capable d'atteindre Mach 6 et 30 km d'altitude. Le célèbre Centre de R&D aérodynamique chinois (CARDC) a effectué de nombreux essais de maquettes en soufflerie tandis que l'Université aéronautique et astronautique de Pékin a étudié la protection thermique de la peau et des parties les plus exposées du véhicule[69]. Par ailleurs, on évoque souvent à son sujet le moteur-fusée à cycle combiné (Rocket-based Combined Cycle ou RBCC en anglais) pour assurer sa propulsion.

Le *waverider* - Un *waverider* (que l'on peut traduire par "chevaucheur d'onde") est un engin hypersonique doté d'une forme aérodynamique très particulière (cf. illustration) qui lui permet de se sustenter à l'aide d'une onde de choc. Ce type de véhicule subit une "dépression" sur sa partie supérieure, tandis qu'une onde de choc oblique est produite à l'intrados. Cette surpression assure la sustentation. Le *waverider* fait l'objet d'une très grande attention en Chine. Dans ce domaine, des travaux sont réalisés par l'Université polytechnique du Nord-Ouest à Xi'an[70] et l'Université de Nanjing d'Aéronautique et d'Astronautique[71].

---

69 - Xu Dajun, Cai Guobiao, Zheng Liming et Le Chuan, *Aeroheating wind tunnel test and thermal protection system design for hypersonic vehicle*, IAC-06-C2.P.2.05, Valence, 2006.

70 - W. DINGYI, X HONG, L. ZHENXIA et L. XIAOCHUN, *Experiment of hypersonic waverider vehicle*, AIAA 2008-2561, 15th AIAA

La propulsion des dragons ultimes

Les véhicules hypersoniques étudiés par la Chine ont hissé à un très haut niveau la recherche dans le domaine de la propulsion avancée. Issue de travaux et expérimentations démarrés à la fin des années 1960 pour propulser des missiles militaires, elle concerne davantage l'aéronautique et l'astronautique si on se réfère aux publications disponibles. Cette partie présente un bref panorama de la R&D.

Le statoréacteur (aussi appelé ramjet) - Le statoréacteur possède un meilleur rendement que le réacteur et ne comporte aucune pièce mobile en dehors des pompes. Mais si son impulsion spécifique peut dépasser les 4000 s, il nécessite d'être démarré à plusieurs centaines de mètres par seconde. C'est une technique qui n'est pas aussi simple à mettre en œuvre que les réacteurs, mais la Chine a décidé très tôt de développer ce propulseur de manière autochtone. Sous l'impulsion vraisemblable de Tsien et avec l'aide des Soviétiques, c'est en 1957 que les travaux démarrèrent dans ce domaine de la propulsion avancée. Une véritable organisation scientifique et industrielle fut créée à cette fin avec ses laboratoires, ses moyens d'essais et ses unités de production. Trois ans plus tard, le premier statoréacteur chinois était allumé. Dans les années 1960, les statoréacteurs furent créés pour accélérer des missiles militaires supersoniques avec plus ou moins de succès. Les modèles CF-06, CF-07, CF-08 et CF-03D ont propulsé les missiles HY-3, YJ-1 et YJ-91. Aujourd'hui, les travaux sur ce propulseur aérobie continuent. L'Institut de Mécanique de

---

International Space Planes and Hypersonic Systems and Technologies Conference, 28/01/08 - 1/05/05.

[71] - Yanchung You, Dewang Liang et Ke Cai, *Numerical research of three-dimensional section controllable internal waverider hypersonic inlet*, AIAA-2008-4708, 44th AIAA/ASME/SAE/ASEE JPC, Hartford, 21 au 23 juillet 2008.

l'Académie des Sciences ainsi que l'Université nationale de technologie de Défense ont publié sur ce sujet respectivement en 2008[72] et 2009[73].

Le super-statoréacteur (aussi appelé scramjet) - Au-delà de Mach 5, il devient difficile d'obtenir un fonctionnement adéquat du statoréacteur. Pour ce faire, un nouveau moteur aérobie, qui fonctionne avec une combustion supersonique, a été mis au point. Les travaux qui ont été conduits en dehors de la Chine montrent qu'il peut fonctionner jusqu'à Mach 10/ Mach 12 avant qu'un moteur-fusée prenne le relais pour assurer une mise sur orbite. La Chine commença à étudier sérieusement le scramjet dans le cadre des projets de navettes et de transporteurs aérospatiaux réutilisables du Projet-863. Dans les années 1990, plusieurs démonstrateurs technologiques ont été développés et testés. Le développement du scramjet mobilise encore plus de laboratoires chinois. Les présentations sur ce sujet dans les conférences aérospatiales internationales le démontrent. Elles concernent : la réalisation des entrées d'air, les écoulements aérodynamiques[74], l'allumage[75], la combustion supersonique[76]

---

72 - Fengquan Zhong, Xuejun Fan, Gong Yu, Jianguo Li et Xinian Lu, *Heat transfer of aviation kerosene at supercritical conditions*, AIAA 2008-4615, 44th AIAA/ASME/SAE/ASEE Joint Propulsion Conference & Exhibit, Hartford, 21-23 juillet 2008.

73 - Q. LI, Y. PAN et Z. WANG, *Experiment research of ramjet with cavity based flameholder, AIAA 2009-5049*, 45th AIAA/ASME/SAE/ASEE Joint Propulsion Conference & Exhibit, Hartford, 3-5 août 2009.

74 - Chen BING, Xu XU et Cai GUOBIAO, *A new parabolized Navier-Stokes algorithm and its applications in some hypersonic propulsion aerodynamic problems*, AIAA 2006-4353, 42nd AIAA/ASME/SAE/ASEE Joint Propulsion Conference & Exhibit, Sacramento, 9-12 juillet 2006.

75 - Y. XIAO, W. SONG, L. CHEN, D. WANG et J. LE, *Ignition characteristics of ethylene combustion in a scramjet combustor*, AIAA 2008-2674, 15th AIAA International Space Planes and Hypersonic Systems and Technologies Conference, 28/01/08 - 1/05/05.

[77], l'efficacité de la propulsion, etc. Pour les scramjet, les résultats théoriques côtoient les résultats expérimentaux. Aujourd'hui, il ne resterait plus grand-chose à accomplir pour assembler et tester un système complet. Enfin, à l'occasion de la 21e conférence internationale sur la technologie des avions spatiaux et des systèmes hypersoniques, la Chine a reconnu avoir conduit en décembre 2015 l'essai en vol d'un scramjet[78]. Ce dernier a été accéléré par une fusée pour qu'il soit enclenché ; alimenté par du kérosène, il aurait atteint 30 km d'altitude et la vitesse de Mach 7.

Le moteur à détonation pulsée (acronyme anglais PDE pour Pulse Detonation Engine) - Rendu public aux États-Unis dans les années 1990 comme un candidat à la propulsion des aéronefs mystérieux qui auraient été aperçus à cette époque, la PDE présente plusieurs avantages en termes de réalisations et d'opérations. Depuis la fin des années 1990, au sein des établissements universitaires, plusieurs laboratoires tentent de mettre au point cette propulsion aérobie de manière numérique et expérimentale[79]. Une fois de plus, l'Université polytechnique du Nord-Ouest

---

76 - Q. SHEN, F. GUAN, S. SHENG, N. ZHU, F. CHEN, D. QU et Z. LI, *A new type of low drag scramjet combustor based on turbulent mixing enhancement*, AIAA 2008-2536, 15th AIAA International Space Planes and Hypersonic Systems and Technologies Conference, 28/01/08 - 1/05/05.

77 - S.YANG et J. LE, *LES of supersonic cavity and mixing layer flows for scramjet applications*, AIAA 2008-2587, 15th AIAA International Space Planes and Hypersonic Systems and Technologies Conference, 28/01/08 - 1/05/05.

78 - Guy NORRIS, *op. cit.* pp. 50 à 54.

79 - Hao TANG, Yue HUANG, Hong LIU, Jin-Hua WANG et Minxiang WEI, *Overview of current activities on PDE and pulse detonation propulsion in China*, AIAA 2008-4780, 44th AIAA/ASME/SAE/ASEE Joint Propulsion Conference & Exhibit, Hartford, 21-23 juillet 2008.

de Xi'an semble en pointe pour développer la PDE[80] et tester plusieurs éléments[81].

Le véhicule volant "transgénérationnel" (1/2)

A l'automne 2015, une information au sujet d'un nouvel aéronef se répandait sur le réseau Internet. La source, probablement le site *mil.huanqiu.com*, indiquait la réussite de l'essai en vol d'un engin hypersonique le 9 septembre 2015.

Peu de détails furent révélés en dehors de la durée du vol, qui aurait été longue (?...), la couleur noire du véhicule et le fait qu'il aurait été préparé au vol de manière très rapide. L'aspect réactif de l'aéronef suggère une utilisation militaire, voire de renseignement. Par ailleurs, sa comparaison au démonstrateur américain X-51 faite par les blogueurs chinois est une indication intéressante sur les performances de l'appareil : il serait moins rapide. Bref, il ne dépasserait pas la vitesse de Mach-10 du X-51. A la vérité, ce n'est pas très étonnant, car les rumeurs au sujet d'un véhicule hypersonique chinois Mach-5/Mach-6 en cours de développement circulent depuis plusieurs mois sur le web. Le mode de propulsion n'est pas connu. Les sources à son sujet évoquent soit le statoréacteur (ramjet), les super-statoréacteurs (scramjet) ou encore le RBCC.

80 - Jianling LI, Wei FAN et Hongqiang QIN, *Studies of detonation propagation trhough tubes with complex geometry for PDE applications*, AIAA 2008-4693, 44th AIAA/ASME/SAE/ASEE Joint Propulsion Conference & Exhibit, Hartford, 21-23 juillet 2008.

81 - Zhiwu WANG, Chuanjun YAN, Mu LI et Wei FAN, *Experimental investigation on a two-phase valveless air-breathing pulse detonation engine*, AIAA 2006-4310, 42nd AIAA/ASME/SAE/ASEE Joint Propulsion Conference & Exhibit, Sacramento, 9-12 juillet 2006.

Le véhicule volant "transgénérationnel" (2/2)

Enfin, la configuration de ce véhicule volant, qualifié par certain de "transgénérationnel", fait ostensiblement penser à l'aéronef de reconnaissance américain SR-71 et plus encore à son hypothétique remplaçant le SR-72, deux créations de la société américaine Lockheed Martin. La première illustration qui le montre ressemble à un cliché aérien, ou à une photo satellite ; on y voit le véhicule chinois parqué à côté d'une sorte de drone et d'autres aéronefs. A partir de ce cliché très flou, des reconstitutions 3D ont été réalisées. Elles ont été comparées aux maquettes exposées récemment dans les salons aérospatiaux et/ou de défense chinois. Ainsi, sur la base de cette analyse, l'engin qui a volé le 9 septembre 2015 est peut-être un drone hypersonique. Même si l'empennage est différent, en fonction des versions, la ressemblance avec la maquette censée représenter ce type de véhicule est frappante.

Ce véhicule aurait effectué un deuxième vol en 2016.

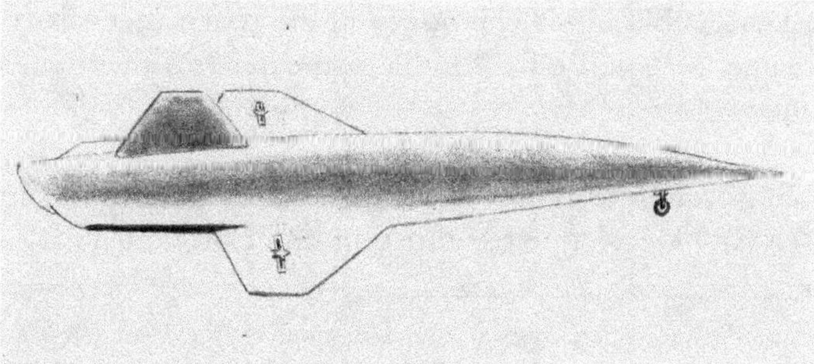

Reconstitution 3D du véhicule hypersonique chinois à partir de vues aériennes (ou satellites) qui aurait réalisé deux vols d'essai. ©Ph. Coué

ATR (pour Air Turbo Rocket) - L'ATR serait plus efficient qu'un moteur-fusée pour la première partie du lancement, c'est à dire jusqu'à Mach 4,5/5. Selon les Chinois, il permettrait de réduire de 20% la masse au décollage d'un lanceur réutilisable. En 2008, l'Université polytechnique du Nord-Ouest a publié un article sur la manière d'améliorer encore le rapport de masse d'un véhicule hypersonique avec un ATR[82].

Moteur-fusée à cycle combiné (RBCC) - Par rapport aux autres propulseurs destinés aux engins hypersoniques, le RBCC présente l'avantage de combiner trois moteurs en un ; il est à la fois statoréacteur, superstatoréacteur et moteur-fusée. Il peut fonctionner du décollage jusqu'à Mach 10. Des travaux sur les injecteurs ont été présentés par l'Université polytechnique du Nord Ouest de Xi'an en 2008[83]. D'autres concernant la combustion d'hydrocarbures ont été conduits par l'Institut de propulsion aérospatiale de Xi'an[84]. Le RBCC est très souvent cité dans les projets hypersoniques chinois.

Le moteur-fusée à détonation pulsée (acronyme anglais PDRE pour Pulse Detonation Rocket Engine) - Plusieurs publications chinoises ont été répertoriées dans ce domaine. Mais le PDRE semble demeurer très théorique en Chine.

Statoréacteur renforcé par fusée à turbocompresseur (TRRE) - Développé par l'Institut de Pékin de technologie

---

82 - Chunlin Gong et Liangxian Gu, *Design and optimization of two-stage-to-orbit launch vehicle with air turbo rocket propulsion*, IAC [?], Glasgow, 2008.

83 - Man ZHANG, Guo-qiang HE et Pei-jin LIU, *Performance improved by multistage rockets ejection in RBCC engine*, AIAA 2008-4504, 44th AIAA/ASME/SAE/ASEE Joint Propulsion Conference & Exhibit, Hartford, 21-23 juillet 2008.

84 - Wen-long LI, Fan-pei LEI et Guang-xi LI, *Numerical and experimental studies of flame stabilization in a cavity stabilized RBCC combustor*, IAC-15.C4.9.1, 66th IAC, Jerusalem, septembre 2015.

aérospatiale, ce moteur combiné fonctionnerait jusqu'à Mach 6 et 33 km d'altitude[85]. Le TRRE permettrait des transitions optimales entre les différents modes de propulsion. Les premiers essais en soufflerie sont prévus à la fin de l'année 2017, celui d'un démonstrateur en 2025 et le moteur opérationnel en 2030.

Turbine à cycle combiné (acronyme anglais TBCC pour Turbine-based Combined Cycle) - Ce moteur fonctionne jusqu'à Mach 5 et pourrait propulser des missiles, des aéronefs de transport ou le premier étage d'un lanceur réutilisable. Des travaux sur la conception des entrées d'air ont été présentés par l'Université Beihang de Pékin[86] et l'Institut de recherche des machines propulsives de Pékin[87]. D'autres recherches concernent le système d'échappement chez le constructeur aéronautique Avic et l'Université de Nanjing d'aéronautique et d'astronautique. Un TBCC expérimental a été testé en soufflerie à l'Université de Nanjing. Sinon, l'École d'ingénierie aérospatiale de l'Université de Xianmen étudie des évolutions du TBCC pour une large gamme de Machs dans le cadre du projet XTER (Xianmen Turbine Ejector Ramjet).

Variante du moteur combiné (Ducted Rocket) - Selon les Chinois, ce moteur combiné - statoréacteur et moteur-fusée - serait bien adapté à la propulsion des missiles. Mais de nombreux projets de lanceurs américains ont été étudiés dans le cadre des systèmes de lancement réutilisables. En 2006, l'Université Nationale de technologie

---

85 - Guy NORRIS, *op. cit.* p 52.

86 - H. OU-YANG, Z. ZHU et M. CHEN, *Conceptual design of geometry-variable kypersonic intake for TBCC*, AIAA 2008-4587, 44th AIAA/ASME/SAE/ASEE Joint Propulsion Conference & Exhibit, Hartford, 21-23 juillet 2008.

87 - Wenhui LING, Baoxi WEI, Chunqin LUO, Tinghe LI et Qiang GANG, *A novel turbo-aided rocket-augmented ramjet combined cycle engine concept*, IAC-15.C4.9.5, 66th IAC, Jerusalem, 2015.

de Défense de Changsha a présenté ses travaux au sujet d'un modèle qui serait dopé au Boron[88].

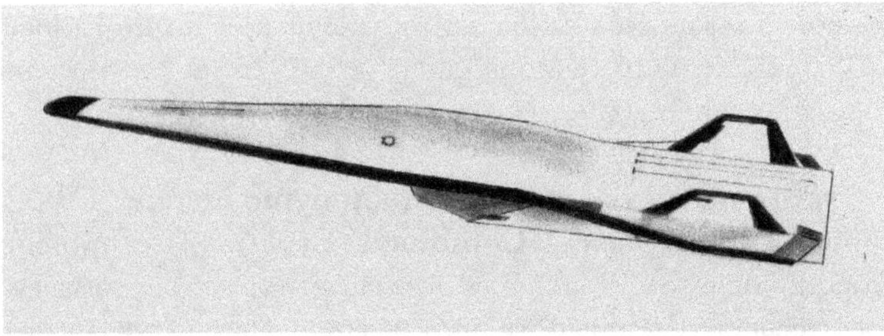

Concept de véhicule hypersonique chinois propulsé par un moteur combiné (aérobie et fusée). ©Ph. Coué

**
*

Depuis plusieurs années, la littérature aérospatiale chinoise démontre qu'un effort de R&D conséquent a été entrepris pour doter les véhicules hypersoniques des moteurs adéquats. Des configurations furent aussi comparées pour effectuer des missions de transport spatial avec des véhicules mono ou biétages. Mais depuis des décennies, ce sont bien les applications militaires qui sont visées. Hier, il s'agissait de mettre au point des missiles hypervéloces et aujourd'hui, un drone hypersonique serait testé. Associés aux programmes évoqués précédemment, cette R&D aérospatiale ajoute un niveau d'expertise supplémentaire aux Chinois. Désormais, plus rien ne semble impossible aux ingénieurs de l'empire du Milieu. Ils se situent déjà aux frontières des sciences aérospatiales.

---

88 - Zhixun XIA, Jianxin HU, Dingyou FANG, Jian GUO et Wei ZHANG, *Combustion study of the Boron particle in the secondary chamber of ducted rocket*, AIAA 2006-4445, 42nd AIAA/ASME/SAE/ASEE Joint Propulsion Conference & Exhibit, Sacramento, 9-12 juillet 2006.

CHAPITRE 11

Aux frontières des sciences aérospatiales

Comme nous n'avons cessé de le démontrer depuis le début de cet ouvrage, les Chinois explorent toutes les technologies susceptibles de leur faciliter les très grandes vitesses et l'accès à l'espace. Depuis 30 ans, des dizaines de publications nous indiquent qu'ils explorent aussi les contrées les plus exotiques des sciences aérospatiales à la recherche du Graal qui leur donnerait un avantage décisif surtout par rapport aux États-Unis. Cette ambition chinoise n'a plus rien à envier à ses concurrents.

La magnétohydrodynamique (MHD) aérospatiale ou comment franchir le mur du son en toute quiétude

La MHD est la discipline qui étudie l'interaction des champs magnétiques des fluides qui conduisent l'électricité[89].

---

[89] - Pour se renseigner davantage sur la MHD et ses applications en France, les travaux du physicien Jean-Pierre Petit sont incontournables. Il doit être considéré comme un pionnier dans ce domaine si particulier des sciences aérospatiales. Il fut aussi l'un des premiers à rappeler l'implication des chinois dans ce secteur.

Un véhicule utilisant ce moyen de propulsion comporterait en son sein des supraconducteurs pour créer des champs magnétiques ainsi que des électrodes sur la surface pour créer le champ électrique. Alimenté par un puissant générateur électrique, ce système de propulsion créée des forces de Laplace qui vont modifier l'écoulement de l'air de telle sorte que l'engin va se trouver "aspiré". Dans ces conditions, il va franchir le mur du son sans provoquer le fameux bang sonique.

A la vérité, cette propulsion avancée demeure énigmatique et à plus d'un titre. En effet, la consultation des bases de données relatives aux travaux surtout russes et américains en matière de MHD montre des centaines de références[90] dans les années 1950 et 1960. Mais aucune réalisation concrète n'est apparue en dehors des applications navales avec quelques prototypes anecdotiques et beaucoup de fantasmes. Le projet russe d'aéronef hypersonique Ajax a bien défrayé la chronique dans les années 1990 mais il n'a jamais dépassé la réalisation de quelques pièces de démonstration en matériaux exotiques. Aux États-Unis, si elle existe, la MHD se dissimule dans des "programmes noirs" du Pentagone. Bref, comme pour les Ovnis, sans preuve, il n'y a que deux attitudes possibles : celle du croyant ou celle du veilleur. Malheureusement pour le lecteur, l'une ou l'autre de ces postures n'apporte pas plus de facilité pour extraire cette discipline et les technologies associées des

---

[90] - Exemples de références chinoises au sujet de la MHD :

- Kang-Ping ZHANG, Zheng-yu TIAN, Hua LI et Jian-jun WU, *Analysis of magnetohydrodynamic (MHD) control on 2D diffuser*, IAC-08-C2.1.26, 59th IAC, Glasgow, 10/2008.
- Zheng-yu TIAN, Hua LI, Sha PAN et Jian-jun WU, *Numerical investigation of hypersonic MHD flow over a blunt body for aerobreathing reduction*, IAC-08-C2.1.13, 59th IAC, Glasgow, 10/2008.
- Guobiao CAI, Xiaomey ZHENG et Daiyun XU, *Numerical simulation of MHD flows in 2-D scramjet inlet*, IAC-08-C4.5.11, 59th IAC, Glasgow, 10/2008.

méandres des programmes militaires confidentiels derrière lesquels elles se dissimulent. L'arlésienne et la MHD sont les deux facettes d'un même problème qui se nomme "énigme". Après 20 ans de recherches épisodiques, l'auteur a le sentiment de stagner complètement. Pourtant...

En Chine, la situation est presque identique ; il y a de nombreuses publications (au moins depuis les années 1980), mais pas de résultat concret connu dans le domaine de la MHD. Souvent préparés pour des congrès très spécialisés, les articles concernent : l'étude de concepts, les calculs d'écoulement, la simulation, les générateurs, les échanges thermiques, l'interaction avec les entrées d'air, etc.[91] [92] Les Chinois semblent aussi s'intéresser au bouclier thermique électrodynamique à base de MHD. Dans ce cas, un solénoïde dans le nez de l'appareil produit un fort champ magnétique. Bien orienté, celui-ci permettrait de réduire les ondes de choc, de diminuer la pression et celle de la chaleur d'un corps de rentrée. Ces recherches sont conduites à l'Université nationale de technologie de défense de Changsha[93]. Un autre article récent explore la faisabilité et les potentialités d'un propulseur MHD à onde de détonation oblique. Les auteurs s'inspirent du projet russe Ajax pour en dériver un *waverider* qui serait encore plus performant[94].

A la lecture de ces comptes-rendus d'études, on constate qu'il y a beaucoup de théories et officiellement peu de pratique. Cependant, si la mise en œuvre de cette propulsion

---

91 - Jinfeng Tang, Nan Li et Daren Yu, "Theoretical investigation of operation modes of MHD generators for energy bypass engines", in *Journal of thermal science, vol 23/n°6*, Décembre 2014, pp. 580 à 585.

92 - G. CHEN, C. LEE, J. ZHANG et Z. CHEN, *Modeling and parameters studies of external MHD generators*, AIAA paper 2009-1233, 2009.

93 - Guy NORRIS, op.cit. p. 53.

94 - Sun Kongqian, Zhang Yining, Meng Hao, Gong Jishuang, Zhou Shoumei et Li Dong, *Analysis of a MHD oblique detonation wave engine for hypersonic craft*, IAC-15.C4.IP, 66th IAC, Jérusalem, septembre 2015.

pour des sous-marins était confirmée, alors il faudrait reconsidérer toutes les recherches chinoises dans ce domaine appliqué à l'aérospatiale et envisager qu'elles puissent s'extraire de la théorie. En particulier, il faudrait s'intéresser aux principaux établissements académiques suivants : les universités d'aéronautique et d'astronautique Beihang de Pékin, l'Université de Nanjing ainsi que l'Université Zhejiang de Hangzhou. Dans l'industrie, la MHD et ses applications concerneraient surtout le consortium à dominante militaire Casic.

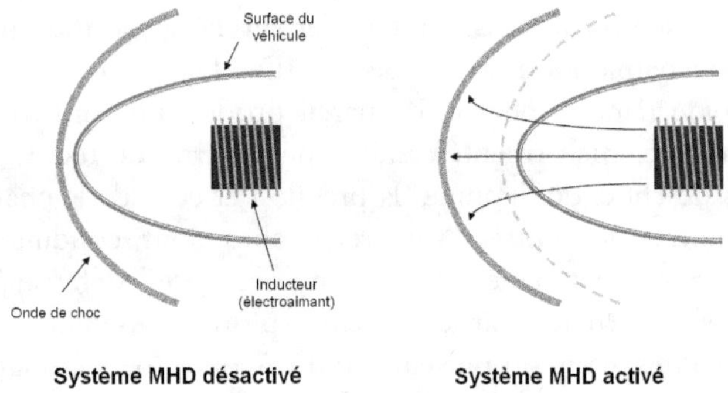

L'Université nationale de technologie de défense de Changsha étudie l'utilisation d'une source électromagnétique pour produire un champ de très forte puissance - selon le principe de la MHD - pour repousser l'onde de choc à l'avant de l'appareil. Cette protection thermique active pourrait être renforcée par l'éjection de particules de potassium.

Maglev : après les trains, les lanceurs

Les champs magnétiques et l'électricité concernent un autre secteur applicable au transport spatial exotique, celui de la sustentation électromagnétique. Celle-ci est devenue très à la mode en Chine. En effet, les Chinois peuvent s'enorgueillir d'avoir mis en œuvre la première ligne de train au monde fonctionnant avec cette propulsion révolutionnaire. Dénommée Maglev (pour Magnetic Levitation) ou Transrapid, ce train accélère jusqu'à 400 km/h sur des coussins magnétiques entre Shanghai et son aéroport de Pudong. Ce qui n'était il y a quelques années que de la science-fiction fait désormais partie du quotidien de la grande métropole chinoise. Pour Shanghai, les sociétés allemandes Thyssen Krupp et Siemens ne sont pas étrangères à ce succès. Mais aujourd'hui, les lignes de Maglev de Pékin et Changsha et leurs trains sont réalisés par l'industrie chinoise. Les progrès dans cette nouvelle industrie sont souvent médiatisés par la Chine. Par exemple, en 2014, l'Université Jiaotong a révélé qu'elle travaillait sur un modèle de Maglev qui atteindrait 2900 km/h dans des tunnels à vide[95].

Bien sûr, les applications de cette technologie n'ont pas manqué de "déborder" dans d'autres secteurs en raison des vitesses qu'elles pourraient imprimer. Les promoteurs des Maglev chinois ont évoqué l'utilité d'un tel système pour "simplifier" le lancement des satellites en améliorant sensiblement le rapport de masse. A la vérité, l'utilisation d'un chariot électromagnétique, qui fonctionnerait comme un Maglev, pour assister le décollage des lanceurs n'est pas vraiment une nouveauté. Les Américains et les Russes ont beaucoup travaillé dans ce domaine et les congrès spatiaux présentent souvent ce type de projet dénommé Maglifter.

La Chine, qui investit aujourd'hui toutes les technologies spatiales, est aussi présente dans ce secteur. Au moins un congrès consacré au lancement assisté par Maglev a été détecté et plusieurs dizaines de partenaires traditionnels (Iran, Pakistan, ...) de la Chine y assistaient sans aucune

---

95 - Anon., "Scientists build super-maglev train that could hit 1800 mph", in *Gizmag website*, 23/05/14.

présence connue de chercheurs occidentaux... L'Université Jiaotong, qui est aussi réputée pour ses compétences dans les missiles hypersoniques, n'est pas le seul établissement chinois à s'intéresser aux Maglifters.

Le banc d'essai et la maquette de la navette du projet Maglifter chinois conçus dans les années 2000 par l'Université aéronautique et astronautique de Pékin. Une réalisation et des ambitions qui n'ont rien à envier aux réalisations étrangères équivalentes.
©DR/Université aéronautique et astronautique de Pékin

En 2007, l'Université aéronautique et astronautique de Pékin et l'Académie des sciences avaient développé un banc d'essai de s7 m comportant des supraconducteurs refroidis à 77°K sur lesquels glissait en un peu plus d'une seconde un modèle réduit de 40 kg[96]. Les responsables de cette expérience estimaient qu'une navette spatiale réutilisable de 100 t pourrait être accélérée jusqu'à 900 km/h[97]. Pour Yang Wenjiang, du fait qu'ils n'allumeraient pas leurs propulseurs pendant la phase d'accélération assistée, les Maglifters seraient beaucoup moins polluants que les lanceurs traditionnels. Cet aspect pourrait devenir essentiel si les

96 - Lisa ZYGA, "Maglev *launch assist technology may enable commercial space travel", in PhyOrg*.com website, 21/02/07.

97 - Yang Wenjiang, Qiu Ming, Liu Yu, Wou Zheng, Duan Yi et Chen Xiaodong, "Levitations characteristics in an HTS maglev launch assist test vehicle", in *Superconductor science and technology n°20*, 2007, pp. 281 à 286.

contraintes environnementales devenaient sévères pour le lancement spatial en Chine.

Une autre étude produite en 2014 par l'Institut des machines spéciales de Pékin considère plusieurs solutions de type Maglev pour accélérer un lanceur biétage de Mach-0,8 à Mach-1,5[98]. Plusieurs technologies sont passées en revue ainsi que des systèmes d'accélération parfois "décoiffants" comme l'anneau de lancement qui exploite la force centrifuge pour atteindre des vitesses d'élancement encore plus rapides. Mais cet accélérateur électromagnétique circulaire requerrait une puissance électrique phénoménale. Dans ce cas, les Chinois préconisent d'utiliser des générateurs de MHD pulsés. Pour tester réellement ce système, les chercheurs chinois estiment que le générateur russe "Sakhaline" permettrait de fournir une puissance suffisante de 400 MW. Mais il y a encore beaucoup à faire pour rendre opérationnel un tel système. A moins que les applications militaires (catapulte, canon, ...) accélèrent les études et les développements en cours.

La navette "photonique"

Il y a quelques années, l'Institut de commande et technologie d'équipement publia un article qui révélait que la Chine s'intéressait aussi au domaine exotique de la propulsion par laser. Celle-ci fut explorée dès 1972 par l'Américain Arthur Kantrowitz et plus récemment par son compatriote Leik Myrabo. Dans ce projet très futuriste, un laser irradie l'arrière d'un engin en créant un plasma à forte densité qui est utilisé pour la propulsion. Dans l'absolu, il n'y aurait pas d'équivalent pour réduire les coûts de lancement.

98 - Jun-Mao YIN, Zhi-Yong ZENG, Jun LIU, Jing-Hang WANG et Yan-Qing ZHANG, *Adaptability analysis on maglev launch assist for launching space vehicles*, IAC-14.D3.1.7, 65th IAC, Toronto.

Après plusieurs études conduites dans les années 1980 par l'industrie américaine dans le cadre du programme SDI (Guerre des étoiles), c'est Leik Myrabo qui a réalisé le premier essai d'un petit démonstrateur dénommé "Lighcraft" en 1998. Un laser CO2 de 10 kW du White Sands Missile Range (établissement militaire) le propulsa jusqu'à 70 m d'altitude. Depuis, les travaux américains se cantonnent officiellement dans la théorie et les simulations.

C'est le même type de technologie qui a été prise en compte par les Chinois[99]. Pour ces travaux à l'avant-garde des sciences aérospatiales, Hong Yanji est très souvent citée depuis une dizaine d'années. Elle dirige aujourd'hui le Laboratoire de la propulsion laser et ses applications au sein de l'Académie des armements qui a été créée en décembre 2012[100]. D'autres établissements conduisent des travaux sur "la propulsion à énergie dirigée" pour le vaisseau de lumière : l'Institut polytechnique du Nord-Ouest, l'Institut de technologie Zhuanbei, l'Université de Science et Technologie Huazhong[101] et l'Université chinoise de Science et technologie[102].

---

99 - Hong Yanji et Li Junmei, *Structural design of a lightcraft for laser propulsion*, IAC-04-S.6.10, 55th IAC, Vancouver, octobre 2004. (Exemple d'article sur le "lightcraft" chinois avec pour rédactrice Hong Yanji)

100 - Anon., "China establishes its first laser propulsion laboratory", in *China-defense-mashup website*, 11/12/12.

101 - Lu Hong, Cheng Zuhai, Zuo Duluo, Zhai Bingjie, Yu Liangying et Zhu Haihong, "Experimental research on plasma induced by TEA CO2 laser propulsion", in *Plasma science and technology vol 10/n°2*, 2007.

102 - Leik N. MYRABO, *Basic research investigations into multimode laser and EM launchers for affordable, rapid access to space, Volume 1: static and hypersonic experimental analysis of impulse generation in air-breathing laser-thermal propulsion*, Air Force Office of Scientific Research (AFOSR), Arlington, 31/08/10.

Photographies prises lors de l'inauguration du Laboratoire de propulsion laser en décembre 2012. A gauche, Hong Yanji qui dirige cet établissement de technologie aérospatiale exotique. ©DR

Les recherches en cours vont sans aucun doute faire progresser la théorie sur ce système de lancement futuriste et les premiers essais auraient été conduits dans des chambres à vide. Une fois de plus, à l'instar d'autres domaines techniques avancés, la consultation des sources sur le "Lightcraft chinois" est troublante par la diversité des travaux et par le nombre de chercheurs impliqués. Malgré les recherches américaines, européennes, japonaises et coréennes, cette implication des Chinois est bien singulière dans le monde. Plusieurs spécialistes étrangers du domaine l'ont remarqué.

L'antimatière pour propulser les navettes spatiales chinoises

Au cours des recherches consistant à inventorier tous les projets chinois de transport spatial réutilisable pour desservir l'orbite terrestre, quelques sources publiques dans les années 2000 faisaient référence à la propulsion par antimatière. Une illustration d'une navette très fantaisiste, qui semblait sortir d'un manga, accompagnait parfois ces articles.

La propulsion par antimatière exploite la réaction violente d'annihilation matière/antimatière qui génère des rayons gamma pouvant être utilisés pour chauffer des fluides ou pour initier une autre combustion. La mise en œuvre d'une navette spatiale qui utiliserait cette propulsion serait compliquée en raison des problèmes de sécurité évidents.

En dehors de la Chine, la propulsion par antimatière a singulièrement défrayé la chronique spatiale. En principe cantonnée dans les sessions de technologies ou de propulsion avancées des congrès spatiaux, quelques annonces ont parfois trahi des travaux et des ambitions. Ceux qui sont les plus accessibles sont américains. Il faut les rechercher dans les années 1980 dans les souterrains de l'étrange initiative Forecast-2 ou dans les déclarations de l'Armée de l'Air américaine. A l'époque, les responsables militaires envisageaient que des engins pourraient se propulser à l'antimatière au début du XXIe siècle. Ensuite, l'Université d'État de Pennsylvanie a étudié dans les années 1990, dans le cadre du projet Ican (Ion Compressed Antimatter Nuclear), des vaisseaux interplanétaires accélérés par des antiprotons.

Si l'antimatière a essaimé l'aérospatiale exotique des États-Unis, de la Russie et d'autres puissances spatiales, les nouvelles de Chine à son sujet sont-elles crédibles ? On serait tenté de le croire pour plusieurs raisons. *Primo*, la Chine a développé un programme nucléaire militaire et civil qui est bien doté en infrastructures, équipements et, bien sûr, en spécialistes de très haut niveau. Parmi eux, il y a des physiciens compétents pour explorer tous les sentiers les plus exotiques comme l'antimatière. Il existe plusieurs publications et annonces officielles de travaux de recherches dans ce domaine comme la découverte récente de l'anti-hélium 4. On doit aussi rappeler que le puissant instrument

AMS (Alpha Magnetic Spectrometer)[103], qui a été installé sur la station spatiale internationale, pour rechercher l'antimatière dans l'espace est l'œuvre du sino-américain Samuel Ting (1936 -). *Secundo*, par analogie avec les autres puissances nucléaires et spatiales de la planète, il est probable que la Chine s'intéresse aux applications spatiales des sciences nucléaires et ses "dérivés exotiques" étant donné les performances très élevées qu'ils procureraient à la propulsion des engins pour quitter la Terre et évoluer dans l'espace. Enfin, le centre nucléaire de Daya Bay aurait commencé à produire à titre expérimental de l'antimatière. C'est remarquable, car très peu de pays maîtrisent les très coûteuses techniques de production et de stockage. Même si ces dangereuses manipulations ne sont pas encore exploitables en astronautique, les processus appris par la Chine constituent un début prometteur.

**
*

En Chine aussi, la recherche aérospatiale ne s'est pas limitée au développement des avions spatiaux. En abordant le secteur de l'hypersonique, des domaines très avancés ont été effleurés. Ils sont encore futuristes et ne se distinguent guère des simples études de concept. Mais ce dernier chapitre témoigne du niveau de réflexion des ingénieurs et des scientifiques chinois. Le rattrapage avec les autres puissances aérospatiales est effectif. Dotée de budgets conséquents et d'une volonté politique affirmée pour maîtriser les voyages entre la Terre et l'espace, la recherche chinoise devrait amplifier les travaux en cours. Dans ces conditions, il

103 - L'AMS doit détecter des traces d'antimatière pour déterminer son abondance dans l'Univers.

n'est pas impossible qu'émergent en Chine des solutions qui n'auront pas encore été explorées par les autres.

Conclusion

Formé à la fuséologie aux États-Unis et inspiré par les projets les plus débridés imaginés en Allemagne pendant la Seconde Guerre mondiale, Tsien fit sensiblement progresser le concept d'avion spatial et théorisa son exploitation. Expulsé des États-Unis sur la base d'accusations mensongères, il rapporta en Chine son savoir et son expérience unique au milieu des années 1950.

Tsien contribua de manière significative à l'élaboration du programme spatial chinois tant au niveau des lanceurs que des satellites. Dès le démarrage du programme, le retour d'orbite était visé. Ce qui n'était pas banal pour une nation considérée à l'époque comme "largement sous développée". Des capsules automatiques FSW et habitées Shuguang furent conçues au tournant des années 1970. Les premières furent développées en plusieurs versions opérationnelles tandis que les secondes n'ont jamais dépassé le stade expérimental. Mais une étape avait été franchie avec les récupérations réussies des capsules FSW. Une base théorique existait et quelques expériences permettaient d'extrapoler des véhicules de retour d'orbite plus élaborés, munis de voilures et plus réutilisables. La photographie d'une cabine de pilotage diffusée en 1980 fut peut-être la première concrétisation du rêve chinois d'avion spatial.

Du rêve à la réalité, il n'y avait qu'un pas à franchir pour les prospectivistes du Projet-863 dont la branche spatiale visait à moderniser toutes les activités dans ce secteur y compris les moyens d'accès à l'espace (Projet-863-204). C'est au milieu des années 1980 que démarrent officiellement plusieurs études d'avions spatiaux et de navettes réutilisables. Mais des considérations économiques et techniques ont logiquement conduit les responsables de l'astronautique chinoise à adopter une solution très conventionnelle à base de capsule récupérable : le vaisseau Shenzhou développé dans le cadre du Projet-921.

A posteriori, on peut comprendre la frustration des promoteurs du transport spatial réutilisable chinois alors que les avions et les navettes spatiales étaient prioritaires chez les concurrents : navette spatiale américaine, navette russe Bourane, avions spatiaux Hermès (Europe) et Hope (Japon), ... Mais la fin de la guerre froide allait considérablement ralentir cette dynamique. Ainsi, à l'exception des États-Unis, les projets furent abandonnés les uns après les autres laissant quelques démonstrateurs préparer l'avènement d'hypothétiques successeurs. C'est dans ce contexte que la Chine renoua avec les avions spatiaux. Au début très contrôlée, la communication à leur sujet se débrida progressivement jusqu'à la présentation en 2006 d'une feuille de route.

La preuve par l'image n'est pas une preuve affirment les cassandres ; ils ont probablement raison à l'ère des logiciels de traitement d'images. Mais la diffusion dès 2007 de la photographie d'un avion aux "contours spatiaux" semblait bien accréditer l'engagement de la Chine dans le transport spatial réutilisable tel qu'il avait été annoncé un an plus tôt. Cet avion dénommé Shenlong pourrait être le démonstrateur à l'échelle 1/2 d'un véhicule opérationnel qui est souvent comparé en Chine à l'avion spatial militaire américain X-37B. Les dernières illustrations de la version chinoise en font même une copie. Pourquoi pas ? Dans tous les cas, les essais en vol atmosphérique et suborbital pourraient être suivis très prochainement par un premier vol orbital. Sa réussite serait un signal positif pour les autres projets, en particulier pour un certain Aotian-1.

S'il n'est pas cette copie de X-37B comme le suggèrent des informations récentes, cet appareil, qui a été révélé en 2013, lors d'un premier essai atmosphérique serait un *lifting body*. Moins "fragile" que l'avion spatial avec voilure, le corps portant chinois ressemblerait à ceux développés par les Soviétiques il y a une trentaine d'années. Sur cette base, la Chine a pu développer sa propre version. Nous avons expliqué dans le chapitre qui lui est consacré qu'il pourrait être habité et lancé par la fusée CZ-7. Aotian-1 serait le fameux vaisseau habité mystérieux dont la Chine nous répète qu'il serait mis en orbite par ce nouveau lanceur intermédiaire. En marge de Shenlong et Aotian, planeurs et autres véhicules de retour d'orbite réutilisables sont étudiés et éventuellement testés en soufflerie. Cette catégorie comprend l'évaluation de projets étrangers (X-38, IXV, etc.) pour l'acquisition de connaissances et la formation d'un personnel qualifié.

Shenlong et Aotian-1 sont "seulement des charges utiles réutilisables". Ainsi, comme la feuille de route de 2006 le suggère, la Chine travaille aussi à réutiliser en partie ou en totalité des systèmes de lancement. Les documents disponibles à ce sujet montrent un premier niveau avec des navettes suborbitales semi-réutilisables. Dans ce cas, elles largueraient la charge utile et un étage consommable qui assurerait la mise sur orbite. Deux concepts se détachent : une navette accélérée par le premier étage d'un lanceur CZ-5 et un premier étage ailé réutilisable qui largue une fusée consommable. Ce dernier projet, dénommé RBS par analogie avec les systèmes étrangers équivalents (le MRKS russe et surtout le XS-1 américain), a fait l'objet d'une abondante littérature. Cela tendrait à démontrer une très grande implication de la Chine pour le mettre en œuvre rapidement.

Au-delà des avions spatiaux dont les configurations sont bien connues et largement expérimentées, il existe une autre catégorie d'engins ultra-véloces et qui utilisent davantage l'atmosphère pour s'y mouvoir et y puiser leurs carburants, ce sont les engins hypersoniques. En synergie avec les projets d'avions spatiaux et de navettes, la Chine a suivi le chemin des autres puissances aérospatiales dans ce domaine aérospatial ultime. *Primo*, elle a testé les planeurs hypersoniques Wu-14/DF-ZF et un drone hypervéloce dont les mises en service pourraient être rapides. *Secundo*, d'autres projets d'aéronefs hypersoniques sont étudiés et testés en soufflerie ainsi que les moteurs pouvant les propulser.

Par analogie avec ce qui a été réalisé dans le passé, les applications militaires de cet effort technologique sans précédent en Chine pourraient aboutir à des aéronefs habités ou automatiques très rapides ainsi qu'à des étages de systèmes spatiaux entièrement réutilisables. Les deux derniers chapitres ont montré qu'aucune voie n'était négligée y compris les plus exotiques et les plus futuristes : superstatoréacteurs, MHD, antimatière, etc.

Ainsi, après avoir investi tous les domaines spatiaux depuis 50 ans, la Chine a patiemment conduit des études, développé des projets et effectué les premiers essais des éléments qui pourraient sensiblement modifier ses moyens d'accès à l'espace. Pour augmenter la flexibilité de leur transport spatial et en diminuer le coût, l'objectif de réutilisation est aussi à l'œuvre dans cette région du monde. Mais les solutions demeurent celles qui ont été explorées par les puissances spatiales : des engins aérospatiaux ailés capables de retour d'orbite et de poser sur piste.

Logiquement, ces solutions s'imposent surtout dans le cadre des vols habités (plus grandes opportunités de retour, facteurs de charges réduits, etc.). Mais elles sont éloignées de ce qui est actuellement tenté par les sociétés américaines Space X et Blue Origin qui visent à réutiliser le premier étage d'un lanceur classique après son atterrissage sur une plate-forme en mer ou sur une aire d'atterrissage dédiée.

En plus de l'appréciation plutôt négative de ces systèmes américains récents par l'empire du Milieu, on doit seulement considérer l'intérêt des ingénieurs chinois pour tout ce qui a été décrit dans cet ouvrage. Mais si les développements américains conduisaient à une véritable diminution des coûts de lancement avec leurs systèmes réutilisables, il faut parier que la Chine ne resterait pas les bras croisés et s'en inspirerait. On peut simplement se demander comment le système politico-économique de la RPC s'adaptera à l'émergence d'un véritable transport spatial réutilisable qui semble concerner différentes régions du monde alors qu'elle investit massivement sur des systèmes aérospatiaux plus complexes ?

Une chose est certaine, la Chine prépare le transport spatial de demain avec une ardeur comparable à celle qu'elle applique à tous ses programmes prioritaires (satellites de navigation Beidou, vols spatiaux habités, exploration de la Lune, etc.). Assurément, les cieux seront bientôt parcourus avec furiosité par des engins chinois qui n'auront rien à envier aux dragons des légendes. Et pas seulement pour rejoindre les étoiles...

Acronymes

AFOSR	:	Air Force Office of Scientific Research
AIAA	:	American Institute of Aeronautics and Astronautics
ALFLEX	:	Automatic Landing Flight Experiment
AMRV	:	Advanced Maneuvring Re-entry Vehicle
AMS	:	Alpha Magnetic Spectrometer
APL	:	Armée Populaire de Libération
ARD	:	Atmospheric Re-entry Demonstrator
ATR	:	Air Turbo Rocket
AWST	:	Aviation Week and Space Technology
BGRV	;	Boost Glide Research Vehicle
BMDO	:	Ballistic Missile Defense Organisation
BOR	:	Bespilotnyi Orbitalnyi Raketoplan (Avion orbital sans pilote)
CAD	:	Computer-Aided Design
CALT	:	China Academy of Launch vehicle Technology
CARDC	:	China Aerodynamic Research and Development
CASC	:	China Aerospace Science and Technology Corporation
CASIC	:	China Aerospace Science and Industry Corporation
CAST	:	China Academy of Space Technology
CAV	:	Common Aero Vehicle
CC	:	Chang Cheng (Grande Muraille)
CCTV	:	China Central TV
CIA	:	Central Intelligence Agency
CNES	:	Centre National d'Etudes Spatiales
CRV	:	Crew Re-entry Vehicle
CZ	:	Chang Zheng (Longue Marche)
DARPA	:	Defense Advanced Research Projects Agency

DC-X	:	Delta Clipper Experimental
DF-ZF	:	Dong Feng-ZF
DLR	:	Deutschen Zentrums für Luft und Raumfahrt
DOD	:	Department of Defense
DR	:	Droits Réservés
EOARD	:	European Office of Aerospace Research & Development
ESA	:	European Space Agency
EVA	:	Extra Vehicular Activity
FESTIP	:	Future European Space Transportation Investigations Programme
FLPP	:	Future Launchers Preparatory Programme
FSW	:	Fanhui Shi Weixing (satellite d'essai récupérable)
GNC	:	Guidance, Navigation and Control
GPS	:	Global Positioning Satellite
HGV	:	Hypersonic Glide Vehicle
HOPE	:	H2 Orbiting Plane
HOTOL	:	Horizontal Take-Off and Landing
HTO	:	Horizontal Take-Off
HTV	:	Hypersonic Test Vehicle
IAC	:	International Astronautical Congress
IAF	:	International Astronautical Federation
IDS	:	Initiative de Défense Stratégique
IL	:	Ilyushin
ISS	:	International Space Station
IVA	:	Intra Vehicular Activity
IXV	:	Intermediate Experimental Vehicle
JPL	:	Jet Propulsion Laboratory
LH	:	Liquid Hydrogen
LII	:	Letno-Isleddovatelsky Institut (Centre d'essai en vol)
LKS	:	Lekyi Kosmicheskyi Samaliot (Avion spatial Léger)
LOX	:	Liquid Oxygen

MHD	: Magnétohydrodynamique
MIT	: Massachussetts Institute of Technology
NASA	: National Aeronautics and Space Administration
NASP	: National Aerospace Plane
NPO	: Naouchno Proizdstvenoye Obiedinie (Association Scientifique et de Production)
OREX	: Orbital Re-entry Experiment
OSC	: Orbital Sciences Corporation
OVNI	: Objet Volant Non Identifié
PDE	: Pulse Detonation Engine
PDRE	: Pulse Detonation Rocket Engine
PLS	: Personnel Launch System
R&D	: Recherche et Développement
RBS	: Reusable Booster Stage
RBCC	: Rocket-Based Combined Cycle
RKK	: Raketno Kosmicheskaya Korporatsia (société fuséo-cosmique)
RPC	: République Populaire de Chine
RVT	: Reusable Vehicle Testing
SAST	: Shanghai Academy of Spaceflight Technology
SDIO	: Strategic Defense Initiative Organisation
SMV	: Space Military Vehicle
TBCC	: Turbine-Based Combined Cycle
TSTO	: Two Stage To Orbit
TWA	: Trans World Airlines
URSS	: Union des Républiques Socialistes Soviétiques
USA	: United States of America
USAF	: United States Air Force
UTC	: Coordinated Universal Time

ANNEXE-1

Historiographie non exhaustive des avions spatiaux et des engins hypersoniques chinois cités dans l'ouvrage

(En italique, les informations hautement probables mais non confirmées)

	Généralités	Avions et navettes spatiales	Engins hypersoniques
05/1945	Tsien rencontre Von Braun à Kochel en Bavière.		
1946	Synthèse des travaux allemands par Tsien et plusieurs publications majeures.		
04/1946			Ehricke et Erdmann-Jestnizer élaborent un projet de coopération pour la Chine qui comprend un planeur hypersonique habité.
12/1949	Présentation du véhicule transcontinental et suborbital de Tsien à l'American Rocket Society. Première présentation publique d'un véhicule apparenté à une navette spatiale.		
1955	Retour de Tsien en Chine.		

1957			Démarrage des études visant à réaliser la propulsion avancée d'un hypothétique lanceur réutilisable.
1960			Premier essai au banc d'un statoréacteur destiné aux missiles militaires.
1965	Début des travaux sur les capsules FSW (Projet-911).		
11/1967	Le projet de vol spatial habité est attribué à la 5e Académie (Projet-714).		
1975	Premier lancement et récupération d'une capsule spatiale chinoise (FSW-0).		
1980		Une publication chinoise révèle un poste de pilotage biplace d'un avion spatial.	
1983	Première présentation d'un projet de TSTO chinois (Cast) dans un congrès, mais elle n'est pas remarquée.		
1986	Dans le cadre du Projet-863 visant à définir le futur programme spatial habité de la Chine, plusieurs projets de navettes spatiales et de transporteurs aérospatiaux réutilisables sont étudiés par les institutions et l'industrie spatiale chinoise.		
07/1988	La capsule de la Cast et la mini-navette Tian Jiao-1 de la Calt sont les finalistes des études de faisabilité réalisées dans le cadre Projet-863.		

02/1989	Le programme de vol spatial habité est officiellement adopté par le gouvernement chinois.		
1991		Etudié dans le cadre du Projet-863, le projet H-2 combinant un 1er étage hypersonique porteur d'une petite navette spatiale est évoqué dans le magazine américain *AWST*.	
21/09/1992	La capsule de la Cast est sélectionnée dans le cadre du Projet-921 (vol habité).		
1996		Ballon en forme de navette spatiale exposé au salon de Zhuhai.	
1999		Une maquette d'avion spatial défile dans la parade qui célèbre les 50 ans de la RPC.	
19/11/1999	Premier vol du vaisseau Shenzhou.		
Fin 1990'			Projet d'une version chinoise du lanceur réutilisable biétage K-1. **Wu-14** - Début probable du projet (étude de faisabilité). Effort conséquent sur la propulsion de type PDE.

	Evaluation de plusieurs projets aérospatiaux réutilisables et hypersoniques.		
2000		Exposition d'une maquette d'avion spatial dans le pavillon chinois de l'exposition universelle de Hanovre en Allemagne.	
2000		***Shenlong*** *- Début probable du programme à l'Institut-611 ?*	***RBS*** *- Début du projet ?*
2005			**Wu-14** - Premier article technique sur le CAV, candidat possible pour ce planeur hypersonique.
10/2006	A l'IAC de Valence, présentation de la feuille de route du transport spatial réutilisable chinois.		
2007		***Shenlong*** *- Début des vols captifs ?*	
11/12/2007		**Shenlong** - Publication de la première photographie de ce véhicule.	

2010		**RBS** - L'Université polytechnique du Nord-Ouest, très impliquée dans les véhicules hypersoniques, apporte un soutien remarqué à ce projet considérant qu'il serait le plus simple à réaliser.
04/2010	***Shenlong*** - *1er vol suborbital présumé (essais technologiques).*	
7/07/2010	***Shenlong*** - *2e vol suborbital présumé (essais technologiques) ?*	
15 ou 16/07/2010	***Shenlong*** - *3e vol suborbital présumé (essais technologiques). Évaluation de la réutilisation du véhicule après une remise en état de quelques jours ?*	
01/2011	***Shenlong*** - *4e vol suborbital présumé avec une vitesse proche de Mach 15 ?*	
7 ou 8/01/2011	**Shenlong** - Un reportage de CCTV montre un stand où sont exposés des éléments de l'avion spatial.	
24/07/11	***Shenlong*** - *5e vol suborbital présumé donnant l'occasion au PCC de saluer ce succès.*	

22/09/13	**Aotian-1** - Premier essai en vol.	
Fin 2013	**Shenlong-2.0** - Une nouvelle configuration de l'avion spatial Shenlong, qui est proche du X-37B américain, est diffusée sur les blogs chinois.	
9/01/2014		**Wu-14** - Premier essai en vol d'un planeur hypersonique à finalité militaire.
7/08/2014		**Wu-14** - 2e essai en vol, mais non fructueux.
2/12/14		**Wu-14** - 3e essai très réussi selon les Chinois.
7/06/15		**Wu-14** - 4e essai avec manœuvres complexes dans la dernière phase du vol.
19/08/15		**Wu-14** - 5e essai avec forte évasive très concluant selon les Chinois.
9/09/15		Essai en vol d'un aéronef hypersonique ?
23/11/15		**Wu-14** - 6e essai.
2016		2e essai en vol d'un aéronef hypersonique.
22/04/16		**Wu-14** - 7e essai.

ANNEXE-2

Entités scientifiques et industrielles chinoises impliquées dans les programmes de navettes spatiales ou d'engins hypersoniques

Entité	Localisation	Compétences et/ou réalisations
Académie d'aérodynamique aérospatiale de Chine *(Ex-Institut-701 et ex-Institut aérodynamique de Pékin)*	Pékin	Divers travaux sur les engins hypersoniques : • Protections thermiques ; • Propulsion (scramjet,...).
Académie des armements *(Dont le Laboratoire de propulsion laser)*	Pékin	Propulsion par énergie dirigée (Lighcraft chinois).
Académie d'ingénierie	Xi'an	R&D concernant les matériaux exotiques des avions spatiaux et des engins hypersoniques.
Académie de la technologie des lanceurs de Chine / China Academy of Launch Vehicle Technology *(Calt, dont le 10e Institut de recherche qui est aussi dénommé Institut de recherche des aéronefs de l'espace proche)*	Pékin	Maître d'œuvre de la plupart des lanceurs chinois. • Adaptation du lanceur CZ-7 pour Aotian et/ou autres avions spatiaux ? • Adaptation du lanceur CZ-5 pour le lancement des avions spatiaux ? • Très nombreuses études sur les avions spatiaux et les systèmes de lancement réutilisables dont Tian Jao-1 dans le cadre Projet-863. • Impliqué dans Aotian-1. • Probablement impliqué dans le développement de l'avion spatial Shenlong.

Académie du Sichuan de Technologie Aérospatiale	--	Étude d'un avion spatial à géométrie variable.
Corporation scientifique et industrielle aérospatiale de Chine *(Casic, dont le Group spatial Hunan en charge des véhicules de l'espace proche)*	Pékin	Le deuxième consortium aérospatial chinois, concurrent de la Casc, semble plus orienté sur les programmes militaires. Ses implications dans les véhicules hypervéloces sont innombrables. • Maître d'œuvre présumé de l'engin hypersonique Wu-14. • Création d'un laboratoire (Key State Laboratory) dédié aux "véhicules de l'espace proche" (Near Space Vehicle). • Lancement assisté par chariot électromagnétique.
Centre de R&D aérodynamique de Chine / China Aerodynamic Research and Development Center (CARDC)	Mianyang	Principal centre de recherche chinois dans l'aérodynamique des aéronefs et des engins aérospatiaux rapides. Le CARDC renferme la plus grande concentration de souffleries en Chine. • Cet établissement stratégique est impliqué dans un très grand nombre de projets d'avions spatiaux et d'engins hypersoniques. • R&D du Wu-14. • Impliqué dans les études RBS.
Institut-611 *(Chengdu Aircraft Corporation)*	Chengdu	Étude du TSTO H-2 pour le Projet-863 et d'un avion spatial de type Hermès. Conception et essais de l'avion spatial Shenlong.
Institut Chinois du Sud-Ouest de technologie électronique	Chengdu	Nombreux travaux sur les télécommunications avec les avions spatiaux et la réduction du blackout pendant la rentrée atmosphérique.

Institut d'aérodynamique de Pékin	Pékin	Institut de recherche impliqué dans les projets suivants : • Capsule du vaisseau Shenzhou; • Avion spatial de type Hermès ; • Véhicules hypersoniques.
Institut d'Ingénierie Mécanique et Electrique de Pékin	Pékin	Études de lanceurs réutilisables et leurs propulseurs.
Institut d'Ingénierie des Systèmes Aérospatiaux de Pékin	Pékin	Étude, développement et essais de boosters ailés récupérables et de parafoils. Analyse du reconditionnement des lanceurs réutilisables.
Institut d'Ingénierie des Systèmes Astronautiques	Pékin	Étude des lanceurs réutilisables : • Modes d'annulation de mission.
Institut d'ingénierie des télécommunications	Xi'an	Communication avec un véhicule hypersonique pendant le blackout de la rentrée atmosphérique.
Institut de Conception d'aéronef *(Chengdu Aircraft Corporation ?)*	Chengdu	Conception et réalisation de l'avion spatial Shenlong.
Institut des Matériaux Composites Aérospatiaux	Xi'an	Protection thermique des avions spatiaux.
Institut de Mécanique de l'Académie des Sciences	Pékin	Propulsion des véhicules hypersoniques (scramjet...). Réduction du *blackout* pendant la rentrée atmosphérique.
Institut de propulsion aérospatial de Xi'an.	Xi'an	Étude des RBCC pour la propulsion des véhicules hypersoniques.
Institut de recherche Aérospatiale des matériaux et de la technologie de fabrication	Pékin	Étude des protections thermiques pour les avions spatiaux et les lanceurs réutilisables.
Institut de recherche des machines propulsives de Pékin.	Pékin	Travaux sur les propulsions TBCC et MHD.

Institut de Recherche de Pékin	Pékin	Étude d'un avion spatial à géométrie variable.
Institut de Technologie de Harbin	Harbin	Propulsion des véhicules hypersoniques. Réduction du *blackout* pendant la rentrée atmosphérique et conception des antennes associées.
Institut de technologie Zhuanbei	Zhuanbei	Étude de la propulsion par énergie dirigée et du Lightcraft.
Université Beihang *(Ex- Université d'aéronautique et d'astronautique de Pékin)*	Pékin	Célèbre établissement universitaire pour l'enseignement de l'astronautique en Chine. Tous les problèmes concernant le transport spatial réutilisable et les technologies associées sont abordés. • Propulsion de type TBCC. Travaux divers sur l'hypersonique et les avions spatiaux. Banc d'essai de Maglifter et technologies associées. Travaux sur la MHD aérospatiale.
Université Chinoise de Science et Technologie		Étude de la propulsion par énergie dirigée et du Lightcraft.
Université d'aéronautique et d'astronautique de Nanjing	Nanjing	Participation au programme d'avion spatial Shenlong : • Informatique embarquée ; • Système de contrôle pendant la rentrée. R&D sur les véhicules hypersoniques (waverider, propulsion PDE, ...). Travaux de recherche sur la MHD aérospatiale.
Université de Science et Technologie Huazhong	Wuhan	Travaux sur la propulsion par énergie dirigée.
Université de Science et Technologie électronique Bi Zhao-yi	Chengdu	Télécommunications avec un véhicule spatial pendant la rentrée atmosphérique.

Université de technologie de Xi'an	Xi'an	Télecommunications avec un véhicule spatial pendant la rentrée atmosphérique.
Université Jiaotong *(Dont le National key laboratory des efforts et des vibrations)*	Xi'an	Étude des lois de guidage pour la rentrée des véhicules hypersoniques. Contrôle des missiles hypersoniques. Technologies des Maglifters.
Université Nationale de Technologie de Défense	Changsha	Très nombreux travaux sur l'aérospatiale réutilisable et avancée. • Étude de la propulsion avancée pour les engins hypersoniques (ducted rocket en 2006, scramjet, MHD...). • Aérodynamique et aérothermodynamique des engins aérospatiaux avancés. • Étude des réseaux de neurones pour le guidage des véhicules de rentrée.
Université Polytechnique Jiangsu	Changzhou	Propulsion des véhicules hypersoniques (PDE, ...).
<u>Université Polytechnique du Nord-Ouest</u> *(Dont le National key laboratory de la combustion des écoulements et des thermostructures)*	Xi'an	**Cet établissement universitaire semble être le plus actif de la Chine en matière de navette spatiale et d'engins hypersoniques.** Ses travaux sont systématiquement présentés dans les conférences internationales. • Impliqué dans le programme Shenlong (GPS, structure et matériaux, ...). • Impliqué dans Aotian-1 (lettre de remerciement de la Calt). • Impliqué dans le RBS. • Impliqué dans les CAV (Wu-14 ?). • Etude des *waveriders*. • Très nombreux travaux sur la propulsion combinée dont : PDE, ATR, RBCC, etc. • Étude de la propulsion à énergie dirigée et du Lightcraft. • Étude de la réduction du *blackout* pendant la rentrée atmosphérique.

Université Rao Ke-jin de Science et Technologie électronique		Réduction du *blackout* pendant la rentrée atmosphérique des missiles (télécommunications et guidages du Wu-14 pendant la rentrée ?).
Université Zhejiang	Hangzhou	Établissement souvent cité pour ses travaux dans le domaine de la MHD aérospatiale.
Xi'an Aircraft corporation	Xi'an	Un atelier aurait été érigé en 2013 pour assembler des véhicules transatmosphérique, une désignation qui est souvent associée aux véhicules hypersoniques.

ANNEXE-3

Une usine pour les avions transatmosphériques et spatiaux

A la fin de l'année 2013, plusieurs blogs asiatiques relatèrent la mise en chantier d'une nouvelle usine au sein de la Xi'an Aircraft Corporation. Ce constructeur aéronautique, qui réalise en particulier le porteur H-6K de Shenlong, a annoncé que cette infrastructure, dénommée Atelier 369, serait dédiée à l'assemblage d'un véhicule aérospatial bien singulier. En effet, selon les traductions, il s'agit d'un véhicule transatmosphérique ou d'un avion spatial. Dans tous les cas, ce projet concernerait la défense.

Les caractéristiques de l'édifice sont inédites tant par ses dimensions (26966 m2 pour 260 m de long, 80 m de large et 35 m de haut) que par sa complexité. Le groupe de travaux publics de Shaanxi, maître d'œuvre de l'édifice, a précisé que l'Atelier 369 de Xi'an serait entièrement climatisé et répondrait à des exigences de qualité très strictes.

Vue générale du hangar à gauche et vision d'artiste du hall d'assemblage qui pourrait accueillir des avions transatmosphériques et spatiaux de moyennes et grandes dimensions. ©DR

Au moment, où nous écrivions ces lignes, la construction de ce très grand hangar était déjà bien avancée. A la fin de 2013, il n'était pas possible de déterminer le type de véhicule aérospatial qui serait assemblé même si les dimensions du hall d'assemblage plaidaient pour un véhicule de taille moyenne ou grande. Par analogie avec d'autres chantiers en cours dans le domaine spatial en Chine, il ne serait pas stupide d'envisager l'exploitation industrielle de l'Atelier 369 dès 2015.

ANNEXE-4

Le transport aérospatial à finalité suborbitale

Dans les chapitres précédents, il a souvent été question de véhicules suborbitaux. Mais ces derniers s'inscrivaient dans une fonction de transport spatial réutilisable dont la finalité n'était pas la trajectoire suborbitale mais bien l'orbite avec la mission d'y placer des charges utiles.

Jusqu'à très récemment, la Chine ne s'intéressait pas aux projets à finalités suborbitales de type SpaceShipOne (Virgin Galactic) ou New Shepard (Blue Origin). Le régime actuel n'est pas forcément opposé à l'introduction du secteur privé dans les activités spatiales. En fait, c'est le transport commercial d'explorateurs privés à la frontière de l'espace qui ne semblait pas correspondre aux canons en vigueur à Pékin. Dans leurs déclarations, les autorités estimaient qu'il s'agissait d'une affaire trop sérieuse pour la confier à des instances complètement indépendantes.

Cependant, en 2016, une musique différente fut diffusée sur ce secteur en plein développement surtout aux États-Unis. Doucement, mais surement, la Chine semble désormais s'y consacrer pleinement. Elle est intervenue à plusieurs reprises ces derniers mois dans les congrès, en particulier dans le cadre juridique pour définir des "contours d'exploitation" qui correspondraient le mieux à la situation particulière du droit aérien chinois.

Et puis, au congrès mondial de l'astronautique en septembre 2016, la Calt présenta, pour la première fois deux projets de véhicules suborbitaux. Il s'agissait d'un petit avion pour cinq passagers et une sorte de navette suborbitale pour

20 passagers. Cette dernière version pourrait évoluer en transport intercontinental hypervéloce et pour lancer des satellites. En fait, on ne manque pas d'être surpris par la configuration de la navette suborbitale, car elle se rapproche beaucoup du RBS chinois évoqué dans le chapitre 8... Un autre projet d'avion spatial suborbital fut présenté par l'Université polytechnique du Nord-Ouest.

ANNEXE-5

Le vaisseau habité de nouvelle génération

Alors que nous terminions cet ouvrage, les informations au sujet d'un nouveau vaisseau spatial habité chinois se multipliaient. Aujourd'hui, son développement est acté ; il remplacera à terme le vaisseau de transport Shenzhou pour desservir la station spatiale chinoise (acronyme anglais CSS) et pour effectuer les premières incursions des taïkonautes dans l'espace lointain.

La configuration de cet engin habité n'est plus celle de Shenzhou, mais plutôt celle d'Apollo ou des vaisseaux développés actuellement aux États-Unis et en Russie. Vous l'aurez compris, il se compose d'une capsule conique associée à un module de service. Un équipage de deux à six taïkonautes prendra place dans la capsule qui est forcément plus grande que celle de Shenzhou. Bien sûr, elle sera dotée d'une pièce d'amarrage pour assurer la liaison avec une station ou des engins d'exploration. A l'instar de l'Orion américaine ou du PTK "Fédératsia" russe, la capsule du nouveau vaisseau chinois pourra aborder l'atmosphère terrestre à la seconde vitesse cosmique, c'est-à-dire 11,2 km/s. Assurément, cette aptitude annonce son usage dans le cadre de l'ambitieux programme lunaire habité que conduit actuellement la Chine. Mais pas seulement. En effet, lorsque les responsables de l'astronautique se sont exprimés à son sujet en 2016, ils ont précisé que ce nouvel engin habité pourrait conduire les taïkonautes chinois vers les points de Lagrange, les astéroïdes et la planète Mars.

Pour effectuer ces missions, deux versions de ce véhicule sont proposées :

- un modèle de 14 t pour deux à six taïkonautes et lancé par le CZ-7 pour l'orbite basse et les vols dans l'espace lointain ;
- un modèle de 20 t pour quatre taïkonautes et lancé par le CZ-5 pour les missions vers la Lune.

Un modèle réduit du vaisseau de nouvelle génération a été testé avec succès lors du tir inaugural du lanceur CZ-7 le 25 juin 2016. Le premier vol orbital de la version opérationnelle pourrait intervenir en 2020. A terme, le vaisseau habité de nouvelle génération pourrait être réutilisable.

Dès lors, il convient de se demander où cette capsule se place dans les programmes chinois visant à maîtriser l'accès à l'espace avec des avions spatiaux et des engins hypersoniques. Avec le choix de la capsule pour les vols habités, le message est clair. La Chine a conçu le véhicule le plus adapté aux vols dans l'espace lointain et surtout pour aller sur la Lune qui est une priorité nationale. La capsule est la configuration optimale, car doter un engin d'exploration d'ailes aboutirait à l'alourdir inutilement et exigerait qu'il soit suffisamment ralenti pour résister aux contraintes extrêmes de la rentrée lorsqu'on revient de la Lune ou des planètes.

Pour autant, la capsule remet-elle en cause Shenlong ou Aotian ? C'est peu probable pour l'avion spatial Shenlong qui semble être un objet militaire depuis les premières informations diffusées à son sujet. En revanche, Aotian faisait référence à un véhicule habité réutilisable pour l'orbite basse. Son utilisation militaire est moins évidente et on ne peut exclure aujourd'hui qu'il aurait pu être en compétition avec la capsule de nouvelle génération. Pour le reste, c'est-à-dire tous les projets d'avions spatiaux et de véhicules hypersoniques, les finalités et les modes opératoires sont éloignés de la capsule et rien ne devrait stopper l'effort en cours les concernant.

Les deux versions du vaisseau de nouvelle génération chinois. A gauche, la version devant être amarrée pendant une longue période à une station orbitale ou un vaisseau d'exploration interplanétaire. A droite, la version qui serait réservée aux vols vers la Lune. La différence de configuration entre les deux vaisseaux s'explique par le fait de compter ou non sur les ressources d'un autre vaisseau auquel il serait accouplé. ©DR

ANNEXE-6

Premier étage de lanceur réutilisable ?

En février 2017, alors que cet ouvrage était achevé ; la Chine a levé le voile sur son intention de tenter la récupération et la réutilisation d'un premier étage de lanceur. Il s'agit bien sûr de réduire en théorie le coût de l'accès à l'espace en augmentant la compétitivité des activités spatiales de l'empire du Milieu. Comme nous l'avions supposé dans la conclusion, les succès de la société SpaceX pour récupérer le premier étage de son lanceur Falcon-9 et la volonté de Blue Origin de faire la même chose a finalement fait réagir les Chinois. Et cette réaction a débuté en 2013 ou 2014 avec la réalisation de démonstrateurs qui ont servi à tester la chaîne parachutale devant freiner l'étage récupérable avant que l'atterrissage soit amorti par des airbags.

Ces informations ont été données par Deng Xinyu de la Calt qui est probablement l'un des responsables de ce programme selon les canons de la communication en vigueur en Chine. Il a précisé que ce mode d'opération était préférable à celui du Falcon-9, car il est beaucoup moins complexe et ne nécessite par l'emport d'ergols supplémentaires qui pénalisent les performances du lanceur.

Cependant, le professeur Sun Yi de l'Institut de Technologie de Harbin a émis des doutes sur ce projet de réutilisation chinois d'un premier étage de lanceur. Selon lui, la précision de l'atterrissage avec les parachutes serait aléatoire en raison de la vitesse et de la direction du vent ; en outre, le choc à l'atterrissage pourrait être violent pour les parties sensibles (moteur, électronique, ...) malgré les airbags.

Le fait que la presse de Pékin relate deux avis assez différents sur ce projet indique qu'il n'a pas encore été pris en compte de manière officielle. A ce sujet, on évoque une décision qui serait éminente pour que cette réutilisation puisse être tentée dès 2020.

Quelques semaines plus tard, des blogs chinois ont révélé des vues d'une sorte de démonstrateur modèle réduit d'un étage réutilisable à décollage et atterrissage verticaux. En fait, l'influence de SpaceX semblait manifeste, car la ressemblance avec le premier étage du lanceur Falcon-9 était flagrant.

En juin 2017, la conférence Glex (Global Lunar Exploration), organisée par la société chinoise d'astronautique et l'IAF, fut l'occasion de la diffusion de nouvelles informations au sujet du transport spatial réutilisable chinois[104]. La Calt et la Casic ont présenté plusieurs configurations de lanceurs réutilisables biétages. Forte de 30 ans d'expérience, comme les chapitres précédents l'ont démontré, la Calt semblait bien plus précise, mais elle n'avait peut-être pas les prérogatives de confidentialité de la Casic qui est plutôt spécialisée dans les activités militaires. Ainsi, trois types de TSTO seraient actuellement étudiés par la Calt :

- TSTO semi-réutilisable - Premier étage ailé et deuxième étage consommable propulsés par fusées.
- TSTO réutilisable - Premier étage ailé et corps portant pour le deuxième étage propulsés par fusées.

---

104 - Bradley PERRETT, « May be reluctantly, Chinese space industry pursues technology for reusability », in *AWST*, New York, 10/07/17, pp. 21 à 23.

- TSTO réutilisable - Premier étage ailé avec moteurs combinés (aérobie et fusée) et deuxième étage ailé (type « Shenlong 2.0 ») propulsé par fusée.

En fait, c'est la troisième phase de la feuille de route de 2006 qui a été présentée. Il serait intéressant de savoir ce qui a été réalisé dans les phases 1 (Shenlong, Aotian ?...) et 2. La publicité qui a été faite dans les médias sur cet « effort aérospatial chinois » a pu surprendre les candides, mais chers lecteurs vous aurez compris que les projets de la Calt de 2017 donnent encore plus de crédit à ce qui a été décrit dans cet ouvrage.

Asie
aux éditions L'Harmattan

Dernières parutions

L'ÉNIGME CHINOISE
Stratégie, puissance et influence de la Chine depuis la Guerre froide
Sous la direction de Pierre Journoud
Préface de Hugues Tertrais – Postface de l'ambassadeur Christian Lechervy
La Chine est susceptible de devenir la première puissance économique mondiale : aucun continent n'échappe désormais à son influence. Comment interpréter l'écart entre les proclamations rassurantes sur le caractère pacifique et responsable de sa puissance, et la poursuite d'un réarmement massif, qui pousse Pékin à bousculer un *statu quo* régional qui ne la satisfait plus et à se déclarer prête à recourir à la force armée dans les disputes territoriales si on l'y obligeait ? Cet ouvrage collectif offre une analyse de la stratégie de la Chine de la fin de la Guerre froide au tournant des années 2015-2016.
(Coll. Inter-National, 36.00 euros, 430 p.)
ISBN : 978-2-343-11929-8, ISBN EBOOK : 978-2-14-003460-2

Études orientales
APERÇUS MULTIPLES DU MONDE UYGHUR
Wheidi Souad – Conseillers auprès de la rédaction : Françoise Aubin, Burhan Ghalioun, Marie-Paule Hille
L'ouvrage se décline en cinq parties : Le monde uyghur intellectuel, spirituel et culturel ; Le Xinjiang politique et économique ; Christianisme au Xinjiang ; Pensée islamique en Chine et Han Kitab ; Partie arabe.
(30.00 euros, 474 p.)
ISBN : 978-2-343-11760-7, ISBN EBOOK : 978-2-14-003462-6

LES DÉFUNTS À LA PAGODE
La bouddhisation du culte des ancêtres chez les Vietnamiens de la région parisienne
Gidoin Jérôme - Préface de Richard Pottier
Au Vietnam, le culte des ancêtres et le bouddhisme sont deux systèmes religieux distincts. Ils peuvent être juxtaposés et se chevaucher, mais leurs frontières restent relativement étanches l'un pour l'autre. Dans le contexte postmigratoire français, on observe un phénomène étonnant et nouveau : ces deux références religieuses sont amenées à entrer en contact. Cet ouvrage, qui s'appuie sur une enquête de

terrain réalisée dans des pagodes vietnamiennes de la région parisienne, décrit les multiples aspects de ce contact entre culte des ancêtres et culte bouddhique.
(Coll. Connaissance des hommes, 21.50 euros, 210 p.)
ISBN : 978-2-343-11669-3, ISBN EBOOK : 978-2-14-003480-0

CAP SUR KARAKORUM (nouvelle édition)
Chevauchée franco-mongole sur les traces de Guillaume de Rubrouck
Alix Patrick
Suite à la lecture du livre *Voyage dans l'Empire mongol*, Pierre Létang nourrit le projet de partir sur les traces de Guillaume de Rubrouck, moine franciscain chargé par saint Louis de nouer des liens avec la cour des grands khans mongols. L'auteur de cet ouvrage a tenu le carnet de route de cette formidable épopée, tout en dialoguant avec le texte médiéval. Leur voyage, aux fins tant universitaires que ludiques, contribuera au premier jumelage franco-mongol, ainsi qu'au rayonnement culturel de la Mongolie.
(Coll. Écrire et voyager aujourd'hui, 30.00 euros, 354 p.)
ISBN : 978-2-343-11470-5, ISBN EBOOK : 978-2-14-003038-3

J'AURAI VINGT ANS DANS DEUX JOURS
Tran Thi Hao – Préface de Pierre Brunel
Lan est née à Hanoï au début des années 90, au moment de l'ouverture du Vietnam. Comme les jeunes de sa génération, elle n'a pas connu la guerre, elle ne croyait pas à la guerre, aux bombardements. Elle a 20 ans, étudiante de français dans une université de la capitale, sa vie est belle et pleine d'avenir. Pourtant une grande épreuve va frapper cette jeune fille. Lors d'une hospitalisation, elle devra être amputée des deux jambes. Que s'est-il passé dans son histoire pour être victime de ce drame ? En publiant ce témoignage intime et bouleversant, l'auteure veut aussi rendre hommage aux familles de vétérans, invalides de guerre.
(14,5 euros, 136 p., juillet 2016) EAN : 9782343096674

UNE HISTOIRE CAMBODGIENNE
Les 4 vies de l'étonnant M. Keat Chhon
Gardère Jean-Daniel
En dépit de racines rurales très modestes, Keat Chhon a eu, du milieu du XXe siècle au début du XXIe siècle, un parcours riche. Ingénieur du génie naval et du génie nucléaire, haut fonctionnaire, ministre, ministre d'État et finalement vice-Premier ministre d'une dizaine de gouvernements, il a traversé plusieurs événements et conflits : l'effritement du protectorat, la dictature révolutionnaire de Pol Pot... C'est une vie intense, marquée de succès et d'exils, faits d'engagements successifs qui permet au lecteur de pénétrer à l'intérieur de l'histoire récente du Cambodge.
(45.00 euros, 512 p.)
ISBN : 978-2-343-08655-2, ISBN EBOOK : 978-2-14-001576-2

CAP SUR KARAKORUM
Chevauchée franco-mongole sur les traces de Guillaume de Rubrouck
Alix Patrick
Suite à la lecture du livre *Voyage dans l'Empire mongol*, Pierre Létang nourrit le projet de partir sur les traces de Guillaume de Rubrouck, moine franciscain

chargé par Saint Louis de nouer des liens avec la cour des grands khans mongols. L'auteur de cet ouvrage a tenu le carnet de route de cette formidable épopée, tout en dialoguant avec le texte médiéval. Leur voyage, aux fins tant universitaires que ludiques, contribuera au premier jumelage franco-mongol, ainsi qu'au rayonnement culturel de la Mongolie.
(Coll. Écrire et Voyager, 30.00 euros, 350 p., Illustré en couleur)
ISBN : 978-2-343-07667-6, ISBN EBOOK : 978-2-14-001614-1

PORTEUR DE PIERRES
Prabowo, une histoire de l'Indonésie moderne
Singh William - Traduit de l'anglo-américain par Ann Blustein-Delors
Alors que l'Indonésie a réussi à dépasser la guerre civile, pour se lancer cahin-caha dans la globalisation, des zones d'ombre persistent. Avec la chute du président Suharto, vint l'heure des bilans... et des successions. Son gendre, le général Prabowo Subianto, que d'aucuns considéraient comme son successeur, fut écarté de la route du pouvoir. Trop honnête ? Sanguinaire ? L'auteur de cet ouvrage souhaite corriger un malentendu et participer ainsi à l'apaisement des consciences.
(25.00 euros, 250 p.)
ISBN : 978-2-343-09385-7, ISBN EBOOK : 978-2-14-001454-3

LA CHINE AUTREMENT
Perspectives interculturelles critiques
Dervin Fred
Alors que la France vient de commémorer cinquante ans de relations diplomatiques avec la République populaire de Chine, comment l'Empire du Milieu est-il perçu et représenté en Occident ? Comment se met-il lui-même en scène ? Cette approche critique et réflexive fait émerger des peurs liées à l'altérité fantasmée de la Chine, et montre que le Chinois n'est ni un extraterrestre, ni un robot culturel. Voici un livre pour ceux qui souhaitent aborder la Chine sous un nouvel angle.
(Coll. Logiques sociales, 15.50 euros, 152 p.)
ISBN : 978-2-343-06229-7, ISBN EBOOK : 978-2-336-38148-0

LA LOTERIE EN CHINE : ÉTAT-CROUPIER ET JOUEURS-COOLIES
Jeux de hasard et mutations sociétales
Hu Shen - Préface de Dominique Desjeux
Perçue comme un jeu de soumission passive au sort, la loterie est délaissée par les sciences sociales françaises. Ce livre révèle qu'en Chine, la loterie se veut un jeu susceptible de maîtrise technique. Sa pratique relève dès lors de la lutte active contre le hasard. Plus qu'une preuve de l'esprit ludique des Chinois, ce jeu révèle comment le Parti communiste, sous l'apparence d'un parti unique et uni, est un lieu de bataille politique constante ; et comment les Chinois des classes modestes, sous l'apparence d'un peuple assujetti, cherchent à changer leur sort socio-économique.
(Coll. Logiques sociales, 27.00 euros, 270 p.)
ISBN : 978-2-343-05765-1, ISBN EBOOK : 978-2-336-38082-7

JAMMU AND KASHMIR IN THE INDO-PAKISTANI CONFLICT (1947-2004)

Reynolds Nathalène

The Kashmir Valley has been the consenting victim to a process of rewriting of history. Many Kashmiris, since they proclaim attachment to the concept of «azaadi» (a synonymous of «independence»), forget various parameters that have marked their history (specially with Pakistan). This book is a translation from French of a work published in 2005: Le Cachemire dans le conflit indo-pakistanais (1947-2004).

(32.00 euros, 322 p.)

ISBN : 978-2-343-09613-1, ISBN EBOOK : 978-2-14-001342-3

PRATIQUES ET SENS DES SOINS DU CORPS EN CHINE
Le cas des cosmétiques

Wang Lei - Préface de Dominique Desjeux

Cette recherche est partie de l'idée que les pratiques liées aux produits cosmétiques sont une partie de la culture. En tant qu'analyseurs de la société, elles ne se limitent pas à des besoins individuels. La société chinoise contemporaine est ainsi abordée à travers l'observation des pratiques liées à l'esthétisation et aux soins du corps. La culture intègre les valeurs et les représentations que les acteurs et la société se font d'eux-mêmes, mais aussi les pratiques et les jeux sociaux liés aux soins du corps, ainsi que l'histoire de leur évolution.

(Coll. Logiques sociales, 27.00 euros, 276 p.)

ISBN : 978-2-343-06069-9, ISBN EBOOK : 978-2-336-37938-8

POÉTIQUE DE LA MUSIQUE CHINOISE

Alexandre Journeau Véronique - Préface de Rémi Mathieu

L'ouvrage est ainsi une approche par la voie musicale d'un univers qui s'avère être un véritable entrelacs des arts. Il est aussi fondé sur le constat que la poésie chinoise en révèle des aspects essentiels à une compréhension fine de la pensée musicale et du geste artistique. Dès lors, un tiers d'illustrations et un tiers de texte théorique et technique, trame tissée d'explicitations directes et brodée d'évocations métaphoriques dans une divulgation sans épuisement du sens, ont paru un dosage à la fois naturel et propice à la vulgarisation.

(Coll. L'univers esthétique, 39.00 euros, 443 p.)

ISBN : 978-2-343-05903-7, ISBN EBOOK : 978-2-336-37981-4

L'HARMATTAN ITALIA
Via Degli Artisti 15; 10124 Torino
harmattan.italia@gmail.com

L'HARMATTAN HONGRIE
Könyvesbolt ; Kossuth L. u. 14-16
1053 Budapest

L'HARMATTAN KINSHASA
185, avenue Nyangwe
Commune de Lingwala
Kinshasa, R.D. Congo
(00243) 998697603 ou (00243) 999229662

L'HARMATTAN CONGO
67, av. E. P. Lumumba
Bât. – Congo Pharmacie (Bib. Nat.)
BP2874 Brazzaville
harmattan.congo@yahoo.fr

L'HARMATTAN GUINÉE
Almamya Rue KA 028, en face
du restaurant Le Cèdre
OKB agency BP 3470 Conakry
(00224) 657 20 85 08 / 664 28 91 96
harmattanguinee@yahoo.fr

L'HARMATTAN MALI
Rue 73, Porte 536, Niamakoro,
Cité Unicef, Bamako
Tél. 00 (223) 20205724 / +(223) 76378082
poudiougopaul@yahoo.fr
pp.harmattan@gmail.com

L'HARMATTAN CAMEROUN
TSINGA/FECAFOOT
BP 11486 Yaoundé
699198028/675441949
harmattancam@yahoo.com

L'HARMATTAN CÔTE D'IVOIRE
Résidence Karl / cité des arts
Abidjan-Cocody 03 BP 1588 Abidjan 03
(00225) 05 77 87 31
etien_nda@yahoo.fr

L'HARMATTAN BURKINA
Penou Achille Some
Ouagadougou
(+226) 70 26 88 27

L'HARMATTAN SÉNÉGAL
10 VDN en face Mermoz, après le pont de Fann
BP 45034 Dakar Fann
33 825 98 58 / 33 860 9858
senharmattan@gmail.com / senlibraire@gmail.com
www.harmattansenegal.com

www.ingramcontent.com/pod-product-compliance
Lightning Source LLC
LaVergne TN
LVHW010926061026
849535LV00007B/2259
* 9 7 8 2 3 4 3 1 2 1 1 2 3 *